Ihr Hobby

Bartagamen

Veronika Müller

bede bei Ulmer

Fachliche Durchsicht: Dr. Michael Meyer, Herne, und Dr. Jürgen Schmidt, Ruhmannsfelden.

Wie am jeweiligen Foto vermerkt: F. W. Henkel, J. Schmidt, W. Schmidt und Christine Steimer.
Titelfoto: Clement / Arioko

Die in diesem Buch enthaltenen Empfehlungen und Angaben sind vom Autor mit größter Sorgfalt zusammenge-
stellt und geprüft worden. Eine Garantie für die Richtigkeit der Angaben kann aber nicht gegeben werden. Autor
und Verlag übernehmen keinerlei Haftung für Schäden und Unfälle.

Bibliografische Information der Deutschen Nationalbibliothek
Die Deutsche Nationalbibliothek verzeichnet diese Publikation in der Deutschen Nationalbibliografie; detaillierte
bibliografische Daten sind im Internet über http://dnb.d-nb.de abrufbar.

© 2005, 2010 Eugen Ulmer KG
Wollgrasweg 41, 70599 Stuttgart (Hohenheim)
E-Mail: info@ulmer.de
Internet: www.ulmer.de
Umschlaggestaltung: Sojus Design, Kai Twelbeck, Stuttgart
Druck und Bindung: Westermann Druck, Zwickau
Printed in Germany

ISBN 978-3-8001-6768-5

Inhaltsverzeichnis

Vorwort

Wohl kaum eine andere Echsengattung erfreut sich so einer großen Beliebtheit wie die Bartagamen. Und das aus gutem Grund: Dank ihres attraktiven Aussehens, des interessanten Verhaltens und der enormen Zutraulichkeit sind diese Echsen gute Pfleglinge. Genau genommen handelt es sich bei den von uns gepflegten Tieren überwiegend um zwei Arten – *Pogona vitticeps* und *P. henrylawsoni* – ideale „Drachen" für die häusliche Pflege.

Kaum jemand kann sich der Faszination solcher „Miniatursaurier" entziehen, doch auch die Pflege dieser fast schon domestiziert wirkenden Agamen stellt immer noch eine verantwortungsvolle Aufgabe dar, die ein hohes Maß an Sachkenntnis und Beobachtungsgabe erfordert. Man darf nicht vergessen, dass diese wechselwarmen Tiere nur in engen, genetisch fixierten Grenzen anpassungsfähig sind; insofern muss man ihren Ansprüchen an den künstlichen Lebensraum und die Ernährung gewissenhaft Rechnung tragen. Glücklicherweise bereitet es heute keinerlei Probleme mehr, das erforderliche Terrarienklima und die benötigte Terrarieneinrichtung nachzubilden und für eine ausgewogene Ernährung zu sorgen.

Besonders positiv zu vermerken ist auch der Umstand, dass diese aus dem trockenen und heißen Australien stammenden Echsen nicht zu den bedrohten Tierarten gehören; insbesondere die in diesem Buch ausführlich abgehandelte Spezies *Pogona vitticeps* wird heute bereits im großen Stil erfolgreich nachgezogen.

Ganz herzlich bedanken möchte ich mich bei Herrn Dr. Michael MEYER (Herne), für zahlreiche wertvolle Hinweise und Anregungen sowie die kritische Durchsicht des Manuskripts. Ferner gilt mein Dank allen Bartagamenpflegern, die mir durch so manches Gespräch und andere Kontakte dabei geholfen haben, die fehlenden Informationen zu erhalten und wichtige Bilder zu ergänzen. Besonders genannt seien in diesem Zusammenhang Frau Christine STEIMER (Marsberg), Herr Friedrich-Wilhelm HENKEL (Bergkamen), Herr Rüdiger LIPPE (Bergkamen), Herr Norbert JANSEN (Selm-Bork), Herr Frank PHILLIPP (Jessen), Herr Wolfgang SCHMIDT (Soest) und Herr Harald SIMON (Anröchte).

Bartagamen, *Pogona vitticeps*, sind die idealen Miniatursaurier für zu Hause. Foto: Steimer

1. Bartagamen

1.1. Zur Abstammung und Systematik

Will man genau definieren, worum es sich bei Bartagamen eigentlich handelt, so muss man sich unweigerlich kurz mit ihrer „Verwandtschaft" und Herkunft beschäftigen. Bartagamen gehören zur Familie der Agamen, diese wiederum zur Klasse der Reptilien und somit zur Reptiliengruppe Squamata (Schuppenkriechtiere). Die Squamaten entstanden vor etwa 195 Millionen Jahren im Trias, erst viel später – vor etwa 100 Millionen Jahren – entwickelten sich aus ihnen in der Alten Welt die Agamen. Innerhalb der Squamaten gehören diese Echsen zur Zwischenordnung der Leguanartigen (Iguania).

Vereinfacht lassen sich Agamen als altweltliche Echsengruppe charakterisieren, die im Gegensatz zu den eng mit ihnen verwandten, aber fast ausschließlich neuweltlichen Leguanen ein akrodontes Gebiss entwickelt hat. Diese Eigenschaft teilt sie nur mit den ebenfalls sehr nahe verwandten Chamäleons. Die Zähne sitzen genau auf der Oberkante des Kiefers und bilden dabei eine zusammenhängende Zahnleiste. Verlieren die Tiere im Laufe ihres Lebens einen Zahn, so wachsen nur die Vorderzähne wieder nach.

Die wissenschaftliche Anerkennung der Bartagamen als selbständige Gattung *Pogona* (so ihr wissenschaftlicher Name) erfolgte in zwei Schritten: Bereits 1976 fassten australische Herpetologen alle Bartagamen im so genannten „*Amphibolurus barbatus*-Komplex" zusammen, doch erst 1982 wurden die *Pogona*-Spezies von der artenreicheren Gattung *Amphibolurus* abgetrennt.

Als Kennzeichen dieser neuen Gattung gelten eine durchschnittliche Anzahl von 24 Wirbel vor dem Beckenbereich (Präsacralwirbel), die Verlängerung des Zungenbeins sowie zwei oder mehr Schuppen zwischen den Präanofemoralporen. Bis heute ist die genaue Systematik innerhalb dieser Gattung noch nicht abschließend untersucht und daher weiterhin umstritten.

Möchte man sich Tiere anschaffen, so muss man genau bezeichnen, welche Art es sein soll. Leider ist der deutsche Name „Bartagame" für die Zuordnung der Echsen zu den einzelnen Arten wenig aussagekräftig. Daher muss man sich kurz mit ihren wissenschaftlichen Namen auseinandersetzen, die in der Regel aus zwei Teilen bestehen. Der Erste bezeichnet die Gattung *Pogona* und weist damit auf ihre Verwandtschaft hin, der zweite Teil hingegen die Art, zum Beispiel *vitticeps*. Wenn man das Ganze jetzt streng wissenschaftlich betrachtet, gehören ferner der Name jener Person, welche die Art zuerst beschrieben hat sowie das Veröffentlichungsjahr der Erstbeschreibung hinzu. Wurde der wissenschaftliche Name bis heute nicht verändert, sieht es zum Beispiel so aus: *Pogona henrylawsoni* WELLS & WELLINGTON, 1985. Hat er sich jedoch mittlerweile geändert, wird der Erstbeschreiber in Klammern gesetzt, etwa bei *Pogona vitticeps* (AHL, 1926), weil diese Art zunächst als *Amphibolurus vitticeps* beschrieben wurde.

Bartagamen, *Pogona vitticeps*, sind aufmerksame Terrarienbewohner, die nach einiger Zeit ihren Pfleger erkennen. Foto: Steimer

Überblick über die systematische Einordnung der Bartagamen:

Klasse:	Kriechtiere (Reptilia)
Ordnung:	Eigentliche Schuppen-kriechtiere (Squamata)
Unterordnung:	Echsen (Sauria)
Zwischenordnung:	Iguania (Leguanartige)
Familie:	Iguanidae (Leguane)
Gattung:	*Pogona*
Arten:	*Pogona barbata*
	Pogona henrylawsoni
	Pogona microlepidota
	Pogona minor
	Pogona minima
	Pogona mitchelli
	Pogona nullarbor
	Pogona vitticeps

Kopfportrait von *Pogona vitticeps*, deutlich erkennt man die Bartstacheln. Foto: Steimer

1.2. Körperbau und Besonderheiten

Bartagamen sind große, meist bodenbe-wohnende Echsen mit typischem Aga-men-Habitus. Die Maximalgrößen der heute bekannten Arten schwankt zwi-schen 30 cm (*Pogona henrylawsoni*) und 75 cm (*Pogona barbata*) Länge, wobei auch innerhalb der einzelnen Arten popula-tionsabhängig erhebliche Größenunter-schiede auftreten können.

Besonders von der sehr beliebten Spezies *Pogona vitticeps* sind Populationen mit deutlich klein bleibenderen Echsen bekannt. Die Tiere besitzen einen abgeflachten, seitlich leicht verbreiterten Rumpf mit einem zumeist breiten Kopf von dreieckiger Form. Der Schwanz macht immer etwas mehr als die Hälfte der Gesamtlänge aus und kann nach einem eventuellen Verlust nur unvollkommen regeneriert werden.

Die Vorder- und Hinterbeine sind relativ kurz, dafür aber recht kräftig; ihre mit starken Krallen bewehrten Zehen dienen den Tieren zum Klettern und Graben. Das Trommelfell ist stets deutlich sichtbar. Die sehr unregelmäßige Körperbeschuppung ist zum Teil mit Stachelschuppen durchsetzt; diese verlaufen in einer oder mehreren Reihe(n) entlang der Flanken, während sie auf dem Rücken vollständig fehlen. Auch Kehle und Hinterkopf sind stark damit übersät. Anhand dieser Schuppen ist grundsätzlich eine Artbestimmung möglich, da sie bei den einzelnen Spezies sehr typisch ausgebildet sind.

Der Gattungsname *Pogona* stammt aus dem Griechischen und bedeutet wörtlich „Bart". Der so bezeichnete Körperteil ist das wichtigste Kennzeichen dieser Echsengruppe. Er besteht aus stark vergrößerten Stachelschuppen, die sich am Kopf – vor allem an dessen Seiten – und an der Kehle finden.

Mit Hilfe des so genannten Zungenbeinapparats können die Bartagamen ihre mit Stachelschuppen besetzte Kehlhaut beim Drohen und Imponieren weit abspreizen. Beim Bartabspreizen bewegen sich dünne Knochen (die so genannten Ceratobranchialspangen) nach unten und zu den Seiten. Die auf diese Weise aufgestellte Kehlpartie, übersät mit ihren dunklen und dornigen Schuppen, besitzt dann tatsächlich eine gewisse Ähnlichkeit mit einem Bart. Die Farbtracht der Tiere setzt sich vor allem aus eher unscheinbaren grauen und braunen Tönen in den unterschiedlichsten Schattierungen zusammen. Seltener zeigen die Echsen – in der Regel populationsabhängig – auch gelbe, orange oder rote Nuancen. Alle Bartagamen sind in gewissem Maße befähigt, ihre Farbe zu verändern, meist jedoch nur hell-dunkel. Oftmals zeigen sie auf Kopf und Rücken eine Art Rautenmuster. Die Unterseite ist hingegen meist einfarbig hellbeige bis gräulich; allenfalls zeigt sie eine so genannte Ozellenzeichnung aus kleinen Augenflecken; also dunkle Flecken mit hellem Hof.

Die Aufgabe der Haut oder des Schuppenkleids besteht – wie bei allen Reptilien – darin, die Tiere vor Austrocknung und zu schnellem Wärmeverlust zu bewahren; außerdem bieten sie einen gewissen Schutz gegen äußere mechanische Einflüsse. Da ihre obere, äußerste Schicht aus abgestorbenen Keratinzellen besteht und somit nicht mehr wachsen kann – was Bartagamen aber Zeitlebens tun – und die Hornhaut sich durch Umwelteinflüsse beständig abnutzt, muss sie laufend erneuert werden. Dies geschieht durch regelmäßiges Häuten: Dabei wird die oberste Hautschicht am gesamten Körper abgestreift. Das Bevorstehen des Häutungsprozesses kündigt sich durch eine stumpfe Verfärbung der Haut an. Kurz vorher können sich auch die Augen eintrüben. Die Haut löst sich dann in ziemlich großen, unregelmäßigen Fetzen ab und wird gelegentlich sogar aufgefressen.

1.3. Die Arten der Gattung *Pogona*

Derzeit werden allgemein acht *Pogona*-Spezies anerkannt, die allesamt ausschließlich in Australien und auf vorgelagerten Ko-ralleninseln beheimatet sind. Wie schon gesagt, ist die Systematik innerhalb der Bartagamen umstritten, beispielsweise sehen einige Wissenschaftler *Pogona minima* als Unterart von *Pogona minor* an.

Pogona barbata bewohnt die Baumsteppen, das Buschland und die Savannen Ostaustraliens. Foto: Henkel

Pogona barbata (Cuvier, 1829)
Eastern Bearded Dragon, Bearded Dragon, Jew Lizard

Die erste wissenschaftlich beschriebene Art dieser Gattung ist *Pogona barbata* aus den feuchteren Regionen Süd- und Südost-Australiens (einschließlich des Murray-Darling-Beckens). Es handelt sich dabei um einen fast ununterbrochenen Gürtel von Hochlandgebieten, der so genannten Great Dividing Range, und angrenzenden Landstrichen.

Bis vor wenigen Jahren wurden andere Vertreter der Gattung immer wieder fälschlich mit ihr gleichgesetzt. Heute wird die Gattung allerdings feiner Unterteilt. Dies galt vor allem für die nah verwandte Spezies *Pogona vitticeps*: Diese sehr ähnliche Form kommt hingegen in den trockeneren Binnenregionen des östlichen Australiens vor.

Pogona barbata ist ein sehr anpassungsfähiger Vertreter der Herpetofauna Ost-Australiens. Man trifft diese Agame überwiegend in den dort vorherrschenden Trockenwäldern aus Eukalyptus- und Akazienarten, aber auch in der Baumsteppe, dem Buschland und der Savanne an.

Das Klima im Verbreitungsgebiet ist recht unterschiedlich, stark vereinfacht kann man sagen: im nördlichen Teil regnet es häufiger, und die Temperaturen bleiben relativ konstant hoch. Anders verhält es sich in den südlichen Regionen, wo es im Sommer tagsüber sehr heiß, im Winter hingegen relativ kalt und regnerisch ist. Dort ziehen sich die Tiere zur Winterruhe in selbst gegrabene Gänge zurück, die sie von innen verschließen.

Die Art zeichnet sich durch einen schlanken Körperbau aus und ist mit einer maximalen Gesamtlänge von 60 cm, die größten gefundenen Exemplare erreichten eine Gesamtlänge von circa 75 cm, die größte Bartagame überhaupt. In der Regel bleiben die Tiere aber geringfügig kleiner: ihre Kopf-Rumpf-Länge beträgt im Durchschnitt etwa 25 cm.

Besonders deutlich ausgeprägt sind hier die Stachelschuppen, welche die Flanken in vier Reihen überziehen. Von der nah verwandten *Pogona vitticeps* unterscheidet sich diese Art durch ihren weniger robusten Körper und das Vorhandensein einer regelmäßigen Dornenreihe an der Flanke, die sich bis auf den Armansatz erstrecken kann.

Ihre Färbung besteht aus dunklen, meist grau-schwarzen Tönen. Den Rücken ziert ein helles Rautenmuster, und an den Flanken und Zehen sowie im Schwanzbereich finden sich teilweise gelbe Flecken. Die Unterseite weist meist eine hellgraue Färbung mit einer leichten Ozellenzeichnung auf.

Vom Verhalten her sind diese Tiere oft wesentlich scheuer als *Pogona vitticeps*. Zum Imponieren oder Drohen präsentieren die Männchen ihren eindrucksvollen, tiefschwarzen „Bart". Gleichzeitig färben sich Flanken, Beine und Kopf oftmals gelblich. Bei dieser Art lassen sich die Männchen meist gut an den deutlich ausgeprägten Hemipenistaschen erkennen.

Die Jungen tragen eine arttypische Kopf- und Rückenzeichnung, die mit zunehmenden Alter verschwindet: Auf der Schnauzenspitze bemerkt man drei – manchmal auch nur zwei – rundliche graue Flecken.

Pogona henrylawsoni
WELLS & WELLINGTON, 1985
Black-soil Bearded Dragon,
Dumpy Dragon, Dwarf Bearded Dragon

Die kleinste Bartagame, *Pogona henrylawsoni*, wird nur bis zu 30 cm lang. Foto: Steimer

Pogona henrylawsoni wurde bereits zu Beginn der 80-er Jahre nach Deutschland importiert. Da die Art noch nicht beschrieben war, wurde sie zunächst unter der Bezeichnung *Amphibolurus rankinii* bekannt. Erst 1985 erhielt die Art ihren heutigen Namen. Die Echsen bewohnen den zentralen Nordosten Australiens. Ihren Lebensraum bildet eine Art Trockensavanne, in der kaum Bäume wachsen; die Vegetation unter semihumidem Klima besteht dort hauptsächlich aus einzelne Grasbüscheln und Büschen. Die Populationsstärke dort ist sehr gering. Aufgrund der hochwertigen Böden werden weite Teile des Verbreitungsgebiets zu landwirtschaftlichen Zwecken genutzt. Das Klima lässt sich als heiß bezeichnen, wobei nahezu der gesamte Jahresniederschlag von 400 bis 800 mm in den Sommermonaten fällt.

Bei *Pogona henrylawsoni* handelt es sich um die kleinste derzeit bekannte Bartagamenart. Die Tiere erreichen nur eine maximale Gesamtlänge von 30 cm, wovon etwas mehr als die Hälfte auf den Schwanz entfällt. Oftmals sind die Weibchen im direkten Vergleich deutlich größer als die Männchen. Bei dieser Art weist der Rumpf eine recht gedrungene Form auf. Auffälligstes Kennzeichen jedoch, das zusammen mit dem Merkmal 6 bis 12 Präanofemoralporen, ein sicheres Bestimmungsmerkmal dieser Art darstellt, ist die auffällig rundliche Kopfform der Agamen. Die für die Gattung typische Bestachelung im Halsbereich ist hingegen nicht stark ausgeprägt.

Pogona henrylawsoni ist ein recht verträglicher und attraktiver Terrarienbewohner Foto: Steimer

Die Grundfärbung besteht – wie bei fast allen Bartagamen – aus grauen bis bräunlichen Farbtönen, die sogar bis nach orangebraun variieren können. Auch das Zeichnungsmuster ist recht variabel: In der Regel umfasst es zwei Reihen von rundlichen, längs des Rückgrats verlaufenden Flecken. Teilweise können die Tiere um die Ohröffnung einen orangenen Fleck aufweisen. Die Kehle besitzt auf hellgrauer Grundfärbung eine unregelmäßige braune Längsstreifung.

Nach *Pogona vitticeps* ist *P. henrylawsoni* vermutlich die am häufigsten gepflegte Bartagamenart. Ihre paarweise Haltung bereitet nur wenig Probleme, da die Tiere nur ein relativ kleines Terrarium benötigen und sich leicht vermehren lassen.

Pogona henrylawsoni besitzt eine überaus attraktive Färbung.
Foto: Steimer

Pogona microlepidota (GLAUERT, 1952)
Kimberley Bearded Dragon

Diese Art ist nur aus der dem Tal des Drys-
dale River in der Kimberley-Region (nord-
westliches West-Australien) und den benachbarten Landstrichen bekannt. Bei diesem kleinen Verbreitungsgebiet handelt es
sich um einen sehr heißen Lebensraum, der
von lichten Trockenwäldern und savan-
nenartigen Landschaften, durchsetzt mit
kleineren Felsformationen, geprägt wird.
Das Klima zeichnet sich durch eine ausgeprägte Regenzeit von Dezember bis März
aus, während der fast der gesamte Niederschlag fällt. Während der Trockenzeit ver-
trocknet die gesamte Vegetation. Auch
diese Art weist in der Natur nur eine gerin-
ge Populationsdichte auf.
Diese wunderschöne Art erreicht eine Gesamtlänge von circa 54 cm, wovon etwa
zwei Drittel auf den Schwanz entfallen. Sie
zählt daher zu den großen Bartagamenarten. Die Spezies ähneln in vielen Zügen
Pogona barbata, von der sie sich durch die
meist geringere Größe der erwachsenen
Tiere und die verhältnismäßig langen
Gliedmaßen unterscheidet.
Hingegen besitzt diese Echse entlang der
Mittellinien auf dem Rücken und im
Nackenbereich größere Ansammlungen an
Stachelschuppen. Die gattungstypischen,
stark vergrößerten Stachelschuppen der
Kehlregion sind hier nur schwach ausge-
prägt. Ihre Färbung ist sehr variabel; das
Spektrum reicht von grauen und braunen
bis zu rötlich-orange Tönen. Die Unterseite
ist meist einfarbig blass-grau gefärbt. Die
Männchen besitzen während der Fortpflan-
zungszeit ein intensiveres Zeichnungs-
muster und eine rötliche Kopffärbung.

Über eine erfolgreiche Haltung und Zucht
dieser Art ist bisher noch nichts bekannt.

Pogona minima (LOVERIDGE, 1933)
Western Bearded Dragon

Diese Art kommt nur auf den Houtman-
Abrolhos-Inseln, Northeast Wallaby Island
und West Wallaby Island, vor der Küste
West-Australiens vor. Es handelt sich um
spärlich mit Gestrüpp und Gräsern be-
wachsene Eilande mit ausgedehnten Man-
grovendickichten. Das vorherrschende Klima dieser Koralleninseln entspricht etwa
einem gemäßigten Mittelmeerklima.
Mit einer Gesamtlänge von 36 cm – von
denen etwa 24 cm auf den Schwanz entfallen – handelt es sich um eine kleinere Bartagamenart. Von den nahe verwandten
Spezies *Pogona minor* und *P. mitchelli* un-
terscheiden sich diese Tiere durch ihre viel
längeren Gliedmaßen und Schwänze. Ihre
Färbung besteht aus verschiedenen Grau-
tönen, wobei die Kehle teilweise schwarz
gefärbt ist. Die Ohröffnungen weisen eine
rundliche Form auf. Als Zeichnung können
diese Bartagamen eine Art Rautenmuster
aufweisen, das an jeder Seite von dunklen
Seitenstreifen eingefasst wird.
Über eine erfolgreiche Haltung und Vermehrung dieser Echse ist nichts bekannt.

Pogona minor (STERNFELD, 1919)

Die systematische Stellung dieser Art ist bis
heute umstritten. Ihr Verbreitungsgebiet
ist riesig, die Echse besiedelt nahezu den
gesamten Südwesten Australiens. Dabei
leben die Tiere in warmen, offenen Land-
schaftstypen, von den Meeresdünen bis in
das Mallee-Buschland und die extrem ari-

den Wüstengebiete West-Australiens (mit Ausnahme der Kimberley- und Pilbara-Regionen). Hierbei handelt es sich um Savannen- und Trockenwaldgebiete.

Diese Art erreicht eine maximale Gesamtlänge von 38 cm, wovon etwa 23 cm auf den Schwanz entfallen. Die Tiere besitzen in der Kehlregion lediglich kleine Stachelschuppen, die sich nicht zu einem eindrucksvollen Bart aufstellen lassen. Ihre Ohröffnungen weisen eine dreieckige Form auf. Von *P. minima* unterscheidet sie das Fehlen der parallel zur Wirbelsäule verlaufenden Nackendornen, von *P. mitchelli* die Abwesenheit kräftiger, dicht benachbarter Kegelstacheln in den Dornenreihen am Kopf. Die Tiere besitzen eine hervorragende Tarnzeichnung aus gräulichen Farbtönen, teilweise mit einer rautenähnlichen Zeichnung. Vertreter dieser Art werden, wenn auch eher selten, erfolgreich im Terrarium gepflegt und vermehrt.

Pogona mitchelli **(Badham, 1976)**

Diese Echse stammt aus den ariden Regionen Nordwest-Australiens, zu denen auch ein Großteil der Pilbara-Region, die benachbarten Landstriche der Großen Sandwüste sowie die angrenzenden Teile des Nordterritoriums gehören. In ihrem Lebensraum finden sich Vegetationstypen vom Trockenwald bis zur Wüste. Die karge Landschaft prägen häufig Felsen. Das Klima kann mit sommerlichen Tageshöchsttemperaturen von über 50 °C als sehr heiß bezeichnet werden.

Pogona mitchelli bewohnt trockene wüstenähnliche Landschaften. Hier können Tagestemperaturen von über 50 °C erreicht werden.
Foto: Steimer

Pogona mitchelli ist nur selten in unseren Terrarien zu finden. Foto: Steimer

Die Tiere erreichen eine maximale Gesamtlänge von 37 cm, wovon etwa 21 cm auf den Schwanz entfallen. *Pogona mitchelli* besitzt einen eher schlanken Habitus mit dreieckigem Kopf und kurzer Schnauze. Der Schädel der Männchen ist im direkten Vergleich deutlich breiter. Die wichtigsten Unterschiede gegenüber *Pogona minima* und *P. minor* wurden bereits bei den genannten Arten vorgestellt.

Als Besonderheit sei noch erwähnt, dass bei dieser Spezies Kopf und Kehle stark bestachelt sind und die Tiere ihren „Bart" deutlich aufstellen können. Ihre Ohröffnungen weisen eine elliptische Form auf. Auch diese Art besitzt eine sehr variable Färbung, die von grau und braun bis braunrot und gelblich reicht. Ein Zeichnungsmuster lässt sich nur sehr selten ausmachen. Die Männchen können bei Erregung orangene bis rote Farbtöne zeigen.

Vertreter dieser Art werden nur sehr selten im Terrarium gepflegt.

Pogona nullarbor (BADHAM, 1976)
Nullarbor Bearded Dragon

Die Art ist bisher nur aus der Nullarbor-Ebene im zentralen Süden Australiens bekannt geworden. Ihren Lebensraum bildet eine Art Trockensavanne, die überwiegend mit kleinwüchsigen Büschen bewachsen ist und nur einen geringen Baumbewuchs aufweist. Das Klima lässt sich als eher heiß und trocken bezeichnen: im Durchschnitt fallen hier weniger als 250 mm Niederschlag im Jahr.

Pogona nullarbor gehört mit einer maximalen Gesamtlänge von 31 cm – wovon etwa 16 cm auf den Schwanz entfallen – zu den kleineren Bartagamenarten. Die Tiere besitzen einen eher flachen, nur wenig verbreiterten Rumpf mit schwach dreckigem Kopf. Ihre Gliedmaßen sind kurz und kräftig. Wie alle typischen Bartagamen tragen sie an den Flanken jeweils drei bis sieben Reihen großer Stachelschuppen. Diese sind auch ein sicheres Unterscheidungsmerkmal gegenüber den anderen kleineren *Pogona*-Arten West-Australiens.

Auch Kopf und Kehle sind mit relativ großen Stacheln besetzt, wobei die Kehlhaut als „Bart" abgespreizt werden kann.

Die Ohröffnungen weisen eine ovale Form auf. Farblich handelt es sich um sehr ansprechende Tiere, die viel attraktiver als die meisten anderen Arten wirken. Ihre Grundfärbung besteht aus rot- bis orange- und graubraunen Farbtönen.

Das eigentliche Muster setzt sich aus einer Art Bänderung zusammen; diese umfasst sechs bis sieben beige bis weiße Querbänder, die sich bis auf den Schwanz verteilen. Diese auffällige Querbänderung gilt als sicheres Bestimmungsmerkmal dieser Art. Vom Auge zum Körper verläuft ein dunkler Streifen. Die Kehl- und Bauchfärbung besteht aus einem weißlichen bis gräulichen Farbton und ist von dunklen Längsstreifen begrenzt.

Auch diese Echse wird leider nur sehr selten im Terrarium gepflegt.

Pogona vitticeps (Ahl, 1926)
Central Bearded Dragon

Unter allen Bartagamen ist *Pogona vitticeps*, die sicherlich beliebteste Spezies – zumindest was ihre Pflege im Terrarium angeht. Daher wird in den folgenden Abschnitten des Buchs überwiegend auf diese Art eingegangen.

Diese Agame bewohnt nahezu das gesamte zentrale Ost-Australien – sogar das heiße „rote" Zentrum des Kontinents – bis

Der Liebling unter den Terrarientieren: *Pogona vitticeps*. Foto: Steimer

17

hin in den äußersten Westen von Victoria. Der Lebensraum von *Pogona vitticeps* bildet somit einen Ring um das trockene Innere des Erdteils. Hier liegen die Temperaturen selbst im Winter tagsüber oft noch über 20 °C, während sie im Sommer teilweise bis auf 50 °C ansteigen.

In dieser Region regnet es häufig mehrere Jahre lang hintereinander nicht. Wenn es dann so weit ist, kann sich der gesamte Niederschlag in einem einzigen heftigen Gewitter entladen.

Im Habitat finden sich folgende Vegetationstypen: Trockensavanne, Halbwüste und Wüste. Entsprechend spärlich ist die Vegetation; sie besteht in der Regel nur aus spärlichem Grasbewuchs, vereinzelten Zwergsträuchern und Buschwerk.

Pogona vitticeps ist mit einer maximalen Gesamtlänge von 50 cm (wovon circa 25 cm auf den Schwanz entfallen) eine der großen Bartagamenarten, doch erreichen die Echsen in aller Regel nur eine Kopf-Rumpf-Länge von 20 cm; sie bleiben somit deutlich kleiner. Neben diesen „normalen" Tieren existiert im äußersten Westen von Victoria – in der so genannten Big Desert – eine Population kleinwüchsiger Tiere, die nur eine maximale Kopf-Rumpf-Länge von 17,5 cm aufweisen.

Die Bartagame *Pogona vitticeps* findet man nahezu im gesamten Osten Australiens. Foto: Steimer

Wer von Bartagamen spricht, hat vermutlich in aller Regel *Pogona vitticeps* vor Augen. Es handelt sich um Echsen mit einem abgeflachten, seitlich leicht verbreiterten Rumpf und einem breiten, dreieckigen Kopf. Ihr Schwanz ist nur geringfügig länger als Kopf und Rumpf zusammen. Die Vorder- und Hinterbeine sind relativ kurz und sehr kräftig, ihre Zehen mit gut ausgebildeten Krallen besetzt. Das Trommelfell weist eine ovale Form auf. Die Körperbeschuppung ist sehr unregelmäßig: eine Reihe stark vergrößerter Stachelschuppen verläuft entlang der Flanken. Auch Kehle und Hinterkopf sind stark mit Stachelschuppen besetzt. Mit Hilfe des Zungenbeinapparats sind die Tiere in der Lage, ihren „Bart" eindrucksvoll abzuspreizen. Ein im direkten Vergleich sehr auffälliger Unterschied gegenüber *Pogona barbata* ist die gleichmäßige Beschuppung des Schwanzes.

Innerhalb des riesigen Verbreitungsgebiets haben sich zahlreiche unterschiedliche Farbvarianten herausgebildet. Daher gilt diese Spezies hinsichtlich der Färbung als die variabelste aller *Pogona*-Arten. Am häufigsten findet sich ein Farbkleid aus gräulichen und bräunlichen bis lehmgelben Tönen, seltener auch rostroten Nuancen. Die Musterung besteht oft aus einer Art Rautenzeichnung. Die Unterseite ist meist einfach hellgrau oder beige bis weißlich; sie kann eine Art Ozellenzeichnung aufweisen. Tiere aus der Gegend um die Eyre-Halbinsel vermögen sich bei Erregung rot zu färben. In manchen Regionen haben diese Agamen rote Köpfe, während man andernorts häufig rote Augen findet, die wiederum in anderen Landstrichen fehlen.

Pogona vitticeps kann man in der Regel paarweise oder in kleinen Gruppen, bestehend aus einem Männchen und zwei Weibchen, problemlos pflegen. Foto: Steimer

Farbvarianten

Wie bei vielen anderen Reptilien versucht man auch bei Bartagamen – vor allem in den USA – möglichst spektakuläre Farbvarianten herauszuzüchten und Gewinn bringend zu vermarkten. Wer wissen will, was uns hier in Zukunft erwartet, kann sich schon heute anhand entsprechender Kornnattern und Leopardgeckos ein Bild von diesen bunten Tieren machen. DE VOSJOLI & MAILLOUX (1996) bilden zahlreiche in den USA gepflegte Farbmorphen von *Pogona vitticeps* ab. Ihre geographische Herkunft wird dabei nicht angegeben, doch steht zu vermuten, dass es sich bei einigen dieser Tiere um Kreuzungen von Elternteilen aus verschiedenen Regionen handeln dürfte, so dass sie durch gezielte Zuchtwahl entstanden. Hier soll nur ein kurzer Überblick über die wichtigsten Farbmorphen von *Pogona vitticeps* gegeben werden:

Pastel Dragon

Hierunter versteht man mehr oder weniger stark leuzistische Bartagamen („Weißlinge"). Die Tiere haben eine einfarbig hellgraue Färbung mit bläulichen Augenlidern.

Red Gold Dragon

Dieser Begriff bezeichnet Tiere, deren Kopf in Gelb, Orange oder Rötlich (bis hin zu Tiefrot) gefärbt sein kann. Ansonsten weisen sie die typischen Farbtöne und Zeichnungsmuster auf.

Sandfire

Bei solchen Bartagamen können Kopf und Beine rötlich bis hin tief karminrot gefärbt sein. Auch der Rücken kann Rotanteile aufweisen. Bei „Sandfire" handelt es sich im Übrigen um ein eingetragenes Warenzeichen von Mr. MAILLOUX (USA).

Yellow Dragon

Diese Bartagamen zeigen an Kopf und Körper überwiegend gelbliche Farbtöne.

Neben diesen bekannten Varianten existiert noch eine Unzahl weitere. Auch die nachfolgende Liste erhebt angesichts der inflationären Tendenzen keinesfalls Anspruch auf Vollständigkeit:

Aborigine Red, Blood (intensiv rot), Chris' Red (zitronengelb-rot), Citrus (blass- bis zitronengelb), Clear-nail Hypo (mehr oder minder weißlich), Desert Red (intensiv rotgelb), Fire Tiger (rötlich-orange mit dunklen Querbinden), Flaming Tigers (wie vor), German Giant (bläulich- oder grünlichweiß), Ghost (stark aufgehellt bis weißgrau), Greeney (goldgelb-rot-olivgrün, mit gelber Bauchseite), Hypo (stark aufgehellt bis nahezu weiß), Hypo Pastel (hell-gelborange, ohne dunkle Pigmente), Hypo Red (mehr oder minder intensiv rot oder pfirsichfarben), Hypomelanistic (bläulich- oder grünlichweiß), Jungle Giant, Lemon Phase (gelblich), Light Sunburst (hell-orange), Marketed Leucistic (sehr hell bis weißlich), Orange Glow (intensiv orange), Orange Tiger (rötlich-orange mit dunklen Querbinden), Pin Striped (mit schmalen dunklen Binden), Red Desert (mehr oder minder rot-orangerot), Red Flame (mehr oder minder rot-orangerot), Red Hypo (hell rot-orangerot), Red Phase (mehr oder minder rot-orangerot), Salmon Hypo (hell-lachsrosa), Sandburst (intensiv gelb-orange), Sand Fire (intensiv gelb-orange), Sand Fire Lemon (intensiv hellgelb-orange), Sand Fire Red (intensiv gelbrot-orange), Sand Fire Yellow (intensiv gelb-orange), Tangerine (gelborange), Yellow (mehr oder minder gelb) und Yellow-Red Deserts (mehr oder minder gelb).

Abschließend seien alle, die möglicherweise viel Geld für diese und andere Farbvarianten ausgeben wollen, davor gewarnt, dass ein Teil der genannten Färbungen sich auch durch die gezielte Ernährung der Tiere hervorrufen lässt: infolge dessen erhält man am Ende von wunderschön roten Elterntieren ganz normale Nachzuchten. Auch sollte man nicht vergessen, dass die wunderschönen Farbaufnahmen im Internet von Tieren aus Freilandterrarien gefertigt wurden und sie diese intensive Farbbrillanz im Terrarium üblicherweise nicht erreichen.

Zum Vergleich: Im Vordergrund ein „Sandfire", im Hintergrund ein normal gefärbtes Tier. Foto: Steimer

1.4. Sinnesorgane

Die wichtigsten Sinnesorgane der Bartagamen sind die Augen. Interessanterweise besitzen die Tiere neben dem Ober- und Unterlid noch ein drittes Lid, die so genannte Nickhaut, welche ebenfalls zum Schutz über das Auge geschoben werden kann. Mit Hilfe des Sehsinns finden sich die Tiere in ihrer Umgebung zurecht, und sie vermögen so auch räumliche Lageveränderungen wahrzunehmen. Die überragende Bedeutung der Augen hängt auch damit zusammen, dass diese Echsen nur am Tage aktiv sind und ihre Aktivitäten fast ausschließlich aufgrund optischer Wahrnehmungen erfolgen. Hierzu zählen das Erkennen von Feinden, das Suchen und Jagen von Futtertieren und fast das gesamte Sozialverhalten. Selbstverständlich können Bartagamen auch Farben wahrnehmen, doch wie weit diese Fähigkeit reicht, wurde noch nicht untersucht. Über die Bedeutung des Geruchssinns liegen noch keine abschließenden Beurteilungen vor. Wie alle Reptilien besitzen auch Bartagamen in der Nasenhöhle eine Membran aus Geruchsepithelzellen, welche für die eigentliche Wahrnehmung der Geruchsstoffe sorgen.

Neben den genannten Sinneszellen verfügen sie außerdem über das so genannte Jacobsonsche Organ, ein komplexes, paariges Sinnesorgan, welches Duftstoffe unabhängig von den Sinneszellen der Nase erkennen kann. Allerdings müssen jene dazu im Speichel gelöst und dann mittels der Zunge über einen Gang zum Jacobsonschen Organ geleitet werden. Aller Wahrscheinlichkeit nach besteht eine seiner Aufgaben in der Identifikation von Beutetieren, denn wenn Bartagamen versehentlich einmal einen unappetitlichen Futterbrocken geschnappt haben, spucken sie diesen sofort wieder aus.

Als letztes wichtiges Sinnesorgan muss das Ohr erwähnt werden. Es ähnelt im Aufbau und in der Funktion dem aller höheren Wirbeltiere, doch ist das Hörvermögen nicht allzu gut ausgebildet.

Was Lautäußerungen angeht, so können die Tieren lediglich ein relativ leises Fauchen ausstoßen. Allerdings zeigen Bartagamen dieses Verhalten nur, wenn sie sich erheblich gestört fühlen – zum Beispiel, wenn sie im Hochsommer nach einem langen und ausgiebigen Sonnenbad im Freilandterrarium wieder zurück in den normalen Behälter sollen.

Bartagamen findet man in den unterschiedlichsten Lebensräumen von der Wüste bis zur Baumsavanne. Fotos: Henkel

1.5. Verbreitung und Lebensraum

Alle Bartagamenarten stammen aus Australien. Dabei liegen die Verbreitungsgebiete der einzelnen Arten fast durchweg auf dem Festland; nur *Pogona minima* lebt auf vergleichsweise winzigen Korallenin-seln vor der Küste West-Australiens. Die Größe der einzelnen Verbreitungsgebiete ist recht unterschiedlich: Sie kann etwa bei *P. minor* und *P. vitticeps* nahezu ein Viertel der Fläche des Kontinents umfassen. Alle *Pogona*-Spezies sind relativ große, boden-

bewohnende, teilweise auch kletternde Echsen. Man findet die einzelnen Arten in sehr unterschiedlichen Habitaten, vom Trockenwald bis hin zu den extrem heißen und ariden Wüsten Zentralaustraliens. Sie fehlen nur in den feuchteren Regionen des äußersten Nordens und Südostens. Daher ist es nicht möglich, einen einheitlichen Bartagamenbiotop zu beschreiben.

Hier zwei typische Lebensräume, in denen einem *Pogona vitticeps* begegnen kann. Foto: Henkel

In der Regel trifft man die Bartagamen an exponierten Plätzen wie abgebrochenen Baumstämmen und Zaunpfählen
Foto: Henkel

Weitere Lebensräume von *Pogona vitticeps*. Foto: Henkel

Innerhalb der einzelnen Arten haben sich die Echsen teilweise recht unterschiedliche Lebensräume erschlossen. Die Erfahrung zeigt, dass man Bartagamen sowohl in lichten Wäldern und ähnlichen Habitaten als auch in Hügel- oder Felslandschaften antrifft. Bei der Suche nach den Tieren scheint eine exakte Kenntnis der Biotoptypen nicht so wichtig zu sein wie die Wahl des richtigen Zeitpunkts: So sind sie in den meisten Gegenden während der Frühlingsmonate (August bis Ende Oktober) am zahlreichsten und aktivsten. In dieser Zeit braucht man in bestimmten Regionen nur die Straße entlang zu fahren, um die Echsen beim Sonnenbaden beobachtenzukönnen. Dabei sitzen sie oft auf Zaunpfählen, Felsvorsprüngen oder ähnlichen erhöhten Stellen. Warum Bartagamen an einigen Stellen sehr konzentriert vorkommen und an anderen nicht, kann ganz unterschiedliche Gründe haben. Bei Cobar Tip – einem bekannten Fundort von *Pogona vitticeps* – suchen die Tiere unter achtlos in der Natur entsorgten Zinkblechen Schutz. Die Populationsdichte der Echsen ist dort auffallend höher als im benachbarten Buschland.

Auch Bartagamen können, wenn sie sich bedroht fühlen, aggressiv reagieren.
Foto: Henkel

Fundort von *Pogona vitticeps* in Ostaustralien.
Foto: Henkel

Verbreitung

Wo immer *Pogona*-Arten vorkommen, treten sie in der Regel nicht sympatrisch oder nebeneinander auf. Allerdings gibt es auch Ausnahmen: Man konnte beispielsweise feststellen, dass *P. barbata* und *P. vitticeps* in Teilen des Binnenlands von Ost-Australien in enger Nachbarschaft vorkommen. Dabei scheinen sie allerdings jeweils bestimmte Habitate oder Bodentypen zu bevorzugen, so dass sich ihre Verbreitungsgebiete nie überschneiden.

Zum Klima Australiens muss man wissen, dass es dort – obwohl der Kontinent zu den Tropen und Subtropen gehört – ausgeprägte Jahreszeiten gibt. Wichtig für die Haltung von Bartagamen ist oftmals das Einhalten einer kurzen Winterruhe, die jedoch nicht so streng zu sein braucht wie der Winterschlaf unserer einheimischen Reptilien. Wer exakte Klima-

daten sucht, kann diese im Klimakatalog von MÜLLER (1983) finden. Allerdings sind die dort aufgeführten Durchschnittswerte nur mit Vorsicht zu übernehmen: Es ist nicht ratsam, alle in der Natur vorherrschenden Bedingungen im Terrarium nachzugestalten, etwa Bodentemperaturen von über 50 °C im gesamten Wüstenterrarium oder sintflutartige Niederschläge zur entsprechenden Jahreszeit. Gleichwohl sollten stets die natürlichen Tag-Nacht-Schwankungen sowie die Jahreszeiten imitiert werden.

Messwerte 11.40 Uhr in Südaustralien: Temperatur 53 °C, Lichtstärke 75 000 LUX. Foto: Henkel

Pogona vitticeps im Biotop. Foto: Henkel

35

Pogona vitticeps frisst gerne gelbe Blüten.
Foto: Henkel

1.6. Verhalten

Wie alle Reptilien sind auch die Bartagamen nicht in der Lage, ihre Körpertemperatur auf physiologischem Weg zu regulieren. Die geringen Mengen an Stoffwechselwärme, die sie hervorbringen, entweichen rasch über die Haut in die Umgebung. Sie sind daher von der Umgebungstemperatur und von der Sonnenscheineinstrahlung abhängig, so dass man sie als wechselwarme Tiere bezeichnet.

Wenn die Bartagamen am Morgen aus ihren nächtlichen Verstecken kommen, sind sie meist dunkler als normal gefärbt; nun versuchen sie, sich mit Hilfe der Sonnenstrahlen (oder künstlicher Strahlungsenergie im Terrarium) soweit zu erwärmen, dass sie mit weiteren Aktivitäten beginnen können. Dies tun sie erneut, sobald die Werte unter eine bestimmte Schwelle sinken. Steigt die Temperatur im Laufe des Tages immer weiter an, so hellt sich ihre Färbung auf und die Tiere beginnen mit ihren normalen Aktivitäten wie Jagen, Fressen, Verdauen und sozialen Interaktionen. Erst wenn die Werte eine kritische Schwelle überschreiten, weichen die Agamen der Sonne aus, um nicht an Überhitzung zu sterben. Dazu ziehen sie sich einfach in den Schatten zurück, wenn das nicht ausreicht, versuchen sie, durch Hecheln mit weit geöffnetem Maul Verdunstungskälte zu erzeugen.

Nicht nur der ganz normale Tagesablauf spielt eine wichtige Rolle, auch der Jahres-

rhythmus wirkt sich entscheidend auf das Wohlergehen und die Fortpflanzungsbereitschaft aus. So machen die Tiere in geschützten Quartieren eine teilweise mehrmonatige Ruhephase durch.

Diese Ruhephase muss nicht immer so streng ausfallen wie der Winterschlaf unserer heimischen Reptilien, die sich über ein halbes Jahr lang verborgen halten. Im Gegenteil: oft kommt es bei Bartagamen nur zu einer von kurzen Aktivitätsphasen unterbrochenen Winterruhe. Aus der Terrarienhaltung liegen dazu recht unterschiedliche Erfahrungen vor: sie reichen von einem echten Winterschlaf bis zur bloßen Reduktion von Temperatur und Beleuchtungsdauer. Gewisse jahreszeitliche Schwankungen scheinen aber eine wichtige Vorausset-

zung für die erfolgreiche Vermehrung zu sein; außerdem weisen die Echsen dann meist auch eine wesentlich höhere Lebenserwartung auf.

Beobachtungen zur „echten" Überwinterung von *Pogona* in der Natur finden sich in der Literatur nur selten. In der Umgebung von Sydney, also im kühleren Teil ihres Verbreitungsgebiets, entdeckte man beim Aufheben einer schweren Sandsteinplatte eine große schlafende *Pogona barbata*. Der Stein war tief eingebettet, und das Tier hatte einen langen Tunnel zu seinem Ruheplatz gegraben. Das Wetter war damals – im australischen Winter – sonnig, und die Stelle war durch große Büsche geschützt; die Echse befand sich ganz offensichtlich in einem Starrezustand.

Auch nach dem morgendlichen Aufwärmen verbringen die Bartagamen die meiste Zeit des Tages – auch im Terrarium – mit dem Aufsuchen exponierter Plätze, an denen sie lange verweilen. In der Natur sind dies oft kräftige, waagerechte Äste, Zaunpfähle oder Felsvorsprünge, während im Terrarium meist alle erhöhten Plätze akzeptiert werden, von denen aus die Echsen den gesamten Behälter im Auge behalten können. Diese Stellen verlassen sie eigentlich nur zur Nahrungsaufnahme.

Pogona vitticeps spreizt zum Drohen den „Bart" ab. Foto: Henkel

Bartagamen sind Ansitzjäger, die Ihre Beute im Sprung oder in einem kurzen Sprint erbeuten, nachdem sie diese entdeckt haben. Zu viele wild durcheinander laufende Futtertiere können im Terrarium unterschiedliche Reaktionen hervorrufen: sehr hungrige Tiere schnappen wild nach allem, was sich bewegt – dazu gehören auch die Schwänze der anderen Bartagamen. Kleine Jungtiere fühlen sich hingegen oft gestresst und suchen ihre Verstecke auf. Daher ist es am besten, immer sehr gezielt und in wohldosierten Mengen zu füttern.

Die meisten Bartagamen verhalten sich territorial, das heißt sie besetzen in der Natur ein Revier, das sie gegen Eindringlinge der gleichen Art verteidigen. Hierzu besetzt der Revierinhaber eine exponierte Stelle, von der er sein gesamtes Revier gut überblicken kann. Dringt nun ein anderes Männchen in sein Revier ein, so wird es durch rituelles Kopfnicken begrüßt; zeigt dies nicht die gewünschte Wirkung, wird dieses Verhalten durch Abspreizen des sich langsam schwarz färbenden Barts verstärkt. Handelt es sich bei dem Eindringling um ein junges oder schwächeres Tier, so wird dieses in aller Regel das Revier unter leicht nickenden Bewegungen verlassen. Zeigt der Eindringling auf das Drohen des Revierinhabers hingegen keine Reaktion, so kommt es zu einem echten Beschädigungskampf. Hierzu blähen die Kontrahenten ihre Körper auf und platten diese seitlich ab, so dass sie für den Betrachter im Körperumriss erheblich größer wirken. Anschließend können sie einander einige Male umkreisen, ehe sie sich ineinander verbeißen.

Während die unterlegene Echse in der freien Natur immer schnell das Weite suchen kann, ist dies im Terrarium nicht möglich. Es hat sich aber gezeigt, dass permanent zusammen gepflegte *Pogona vitticeps*-Männchen zwar untereinander eine Rangordnung ausbilden, ansonsten jedoch recht verträglich sind. Vergesellschaftet man mehrere Männchen einer Art in einem sehr großen Terrarium, müssen die Tiere trotzdem regelmäßig beobachtet werden: sobald ein Männchen verkümmert, abmagert, nicht mehr ans Futter geht oder fast den ganzen Tag über im Versteck bleibt, muss es einzeln gehalten werden.

Als günstig hat sich die Haltung von Paaren oder Kleingruppen aus einem Männchen und zwei bis drei Weibchen erwiesen. Bei anderen *Pogona*-Arten kann die innerartliche Aggressivität stärker ausgeprägt sein: Bei diesen sollten die Tiere nur paarweise oder einzeln gepflegt werden. Wichtige Bestandteile des Sozialverhaltens sind auch die visuellen Signale. Hierbei zeigen die Bartagamen am häufigsten das typische Kopfnicken, das bei den Männchen in der Regel als Imponierverhalten, bei den Weibchen hingegen oft nur als Zeichen von Unterwürfigkeit oder Desinteresse zu deuten ist. Allerdings führen auch paarungsbereite Weibchen kurze, heftige Nickbewegungen aus. Ein anderes typisches Verhalten bezeichnet man als „Winken": Darunter versteht man ein schnelles Drehen des Vorderbeins in der Luft. Dominante Männchen winken zur Begrüßung und um auf ihre soziale Stellung aufmerksam zu machen, doch auch unterlegene Tiere tun dies zur Beschwichtigung. Zusammengefasst lässt sich sagen, dass die Agamen anhand solcher visueller Signale – zu denen noch das Umfärben gehört – das Geschlecht und die innere Stimmung ihres Gegenübers feststellen können.

Während die meisten Bartagamen im Terrarium recht schnell zutraulich werden, reagieren sie in der freien Natur häufig ganz anders auf die Annäherung eines Menschen. Wenn ein gewisser Individualabstand unterschritten wird, zeigen Bartagamen sogar Abwehrreaktionen gegenüber dem Menschen – beispielsweise öffnen sie ihr Maul und spreizen den „Bart" ab. Werden sie gar ergriffen, so beißen sie und führen heftige Schwanzschläge aus.

Das Paarungsverhalten kann der Terrarianer bei seinen Agamen zum Ende der Winterruhe recht gut beobachten. Erblickt ein Männchen ein Weibchen, so beginnt es sofort, dieses durch heftiges Nicken auf sich aufmerksam zu machen.

Anhand der Reaktion des Weibchens, die von vollständigem Ignorieren bis zu leichten Nickbewegungen reichen kann, versucht das Männchen nun, dessen Paarungsbereitschaft zu testen. Hat es eine geeignete Partnerin vor sich, so färbt es Unterseite und Bart tiefschwarz und führt weitere nickende Bewegungen und zaghafte Annäherungsversuche aus. Nicht paarungsbereite Weibchen drohen gegebenenfalls dem sich nähernden Männchen; reicht das nicht, so verbeißen sie es. Ist das Weibchen jedoch paarungsbereit, so reagiert es scheinbar gar nicht auf die Annäherungsversuche. Es bleibt zunächst bewegungslos und flach ausgestreckt liegen.

Das Männchen läuft nun rasch vor das Weibchen und nimmt eine Position fast im rechten Winkel zu ihm ein. Dann führt es winkende und nickende Bewegungen aus. Der Bart wird dabei so stark wie möglich abgespreizt und der Körper über den Vorderbeinen hoch aufgerichtet. Dann läuft das Männchen blitzschnell zum Weibchen und dreht sich so, dass es in voller Länge über dem Rücken des Weibchens zu liegen kommt, um es mit dem Maul entweder an dessen Rückendornen oder an der Nackenhaut zu erfassen und festzuhalten (Paarungsbiss). Dann dreht sich das Männchen leicht seitlich zum Weibchen und es kommt zur Kopulation, die etwa zwei bis drei Minuten dauert. Anschließend gehen die Bartagamen wieder getrennte Wege.

Aufgrund ihrer ruhigen Lebensweise kann man bei eingewöhnten Tieren jederzeit im Terrarium hantieren. Foto: Steimer

2. Anschaffung

2.1. Grundsätzliche Überlegungen

Wer sich für die Haltung von Bartagamen entscheidet, der übernimmt für lange Zeit eine große Verantwortung. Daher ist es bereits vor der Anschaffung unerlässlich, sich ausreichendes Fachwissen anzueignen, um dem Tier eine artgerechte Pflege bieten zu können.

Leider erfährt man immer wieder, dass Menschen ein Tier in einer Zoohandlung sehen und es beispielsweise aus rein ästhetischen Beweggründen heraus unüberlegt kaufen. Ein kurzes Beratungsgespräch mit dem Verkäufer sollte niemals ein entscheidendes Kriterium sein, denn man kann die komplette artgerechte Haltung eines Tiers nicht in wenigen Minuten erklären.

Informationen über fast alle im Handel befindlichen Bartagamen findet man in der inzwischen umfangreichen Fachliteratur, aber auch im Internet. Über Suchmaschinen gelangt man zu einschlägigen Homepages, oder man öffnet zum Beispiel dort die Website der DGHT (Deutsche Gesellschaft für Herpetologie und Terrarienkunde e. V.) und verfolgt die einzelnen Links (vgl. auch bei: „Bartagamen im Internet", S. 96).

Bevor Sie sich für eine bestimmte Bartagame entscheiden, sollen noch einmal die wichtigsten Kriterien für die Haltung von *Pogona vitticeps* vorgestellt werden, da sie mehr oder weniger für alle Arten gelten:

- Ein bis zwei Tiere benötigen ein großes Terrarium von mindestens 125 x 100 x 75 cm (Länge x Breite x Höhe). Für dieses nicht gerade kleine Terrarium sollte im Wohnraum ein geeigneter Platz zur Verfügung stehen.

- Man sollte das Terrarium nicht in einen Raum stellen, den man nur selten aufsucht, da das Interesse durch den fehlenden Kontakt zu den Tieren schnell vergehen kann. Der Behälter und seine Bewohner müssen ebenso zur „Familie" gehören wie Hund oder Katze.

- Wichtig ist auch, dass die übrigen Familienmitglieder (Eltern, Ehepartner und Kinder) mit dem neuen Hausbewohner und seinen artgerechten Haltungsbedingungen einverstanden sind. Niemand sollte den Bartagamen gegenüber Angst oder gar Ekel empfinden.

- Als Wüstenbewohner beanspruchen diese Echsen viel Wärme und Licht. Der Energieaufwand und die damit verbundenen Stromkosten sind nicht zu unterschätzen.

- Obwohl ausgewachsene Bartagamen viel pflanzliche Kost zu sich nehmen, benötigen sie zusätzlich Lebendfutter, das ebenfalls einen gewissen Kostenfaktor oder – bei eigener Futterzucht – einen nicht unbeträchtlichen Aufwand darstellt. Der Pfleger sollte unbedingt in der Lage sein, auch lebende Tiere verfüttern zu können (zum Beispiel Heimchen, Heuschrecken, Wachsmaden, Schaben und ähnliches).

Bartagamen, *Pogona vitti- ceps*, werden sehr zutraulich. Foto: Steimer

• Auch die Urlaubsvertretung muss langfristig geklärt sein. Bartagamen und ihr großes Terrarium kann man nicht ohne Weiteres anderen zur Pflege anvertrauen, wie es vielleicht bei Hunden, Kaninchen oder anderen Heimtieren möglich ist. Außerdem muss der Stellvertreter ebenfalls ausreichende Kenntnisse über die Pfleglinge besitzen, damit die artgerechte Haltung auch während des Urlaubs gewährleistet ist.

• Mit einer Lebenserwartung von 10 bis 15 Jahren wird die Bartagame für einen nicht unbeträchtlichen Lebensabschnitt zum Weggefährten ihres Pflegers. Hier übernimmt man für einen langen Zeitraum

Verantwortung – auch dies muss gründlich überlegt sein.

Ist man in der Lage, all diesen Bedürfnissen der Bartagamen gerecht zu werden, so danken es die Tiere ihrem Halter bei vergleichsweise unkomplizierter Haltung durch ein sehr ruhiges, fast zahmes Wesen, das sie fast schon zu domestizierten Hausbewohnern werden lässt. Insofern verwundert es auch nicht, dass die meisten Menschen spontan eine gewisse Sympathie für diese Tierart haben oder doch sehr schnell entwickeln. Eine ähnlich positive Einstellung gegenüber Reptilien zeigen die meisten Menschen sonst nur noch bei Schildkröten.

Eingewöhnte Bartagamen, *Pogona vitticeps*, kennen ihren Pfleger ganz genau.
Foto: Steimer

Bartagamen, *Pogona vitticeps*, sind auch für Anfänger geeignet.
Foto: Steimer

2.2. Bezugsquellen

Woher bekommt der interessierte Terrarianer nun die begehrten Pfleglinge? Glücklicherweise bereitet es heute keine Probleme mehr, sich die eine oder andere Bartagamenart zu beschaffen. Die am erfolgreichsten gepflegte und vermehrte – und daher auch am häufigsten erhältliche – Bartagamenart ist *Pogona vitticeps*. Eine Art, die insbesondere auch dem Anfänger empfohlen werden kann.

Wenn man sich entschieden hat, eine oder zwei Bartagamen zu pflegen, benötigt man Bezugsquellen für diese Tiere und deren Bedarf. Da diese Echsen regelmäßig im Terrarium nachgezogen werden, gibt es hier verschiedene Möglichkeiten.

An erster Stelle soll hier der Kauf einer Bartagame bei privaten Züchtern empfohlen werden. Der Vorteil liegt hier darin, dass diese meist sehr verantwortungsbewusst vorgehen und ihre Nachzuchten gut untergebracht wissen möchten. Dem Käufer werden dabei gerne auch noch zusätzliche Informationen zur Haltung und Pflege gegeben. Holt man die Tiere direkt beim Züchter ab, so verringert sich auch der Stress durch unnötig lange Transporte. Adressen einschlägiger Züchter findet man unter anderem auf der Homepage der DGHT, für deren Mitglieder regelmäßig neben Fachzeitschriften auch Anzeigenjournale mit Hinweisen auf verfügbare Nachzuchten angeboten werden. Auch auf den in letzter Zeit immer häufiger stattfindenden Reptilienbörsen kann man sich umschauen. hier bieten viele private Züchter Ihre Jungtiere an. Bester Zeitpunkt sind die Börsen im Herbst, da nahezu alle Jungtiere im Sommer schlüpfen.

In Zoogeschäften mit einer Reptilien-Abteilung oder Terraristik-Fachgeschäften werden die beliebten Bartagamen ebenfalls häufig angeboten. Die Fachkompetenz der Händler überprüft man am einfachsten, indem man ihnen viele Fragen stellt. Werden diese korrekt, bereitwillig und ausführlich beantwortet, so spricht dies für den Händler.

Anschaffung

Ein Zoogeschäft sollte auf jeden Fall, wie der private Züchter, genau und kritisch betrachtet werden: die Terrarien dürfen nicht mit Tieren übersetzt sein und es dürfen sich auf keinen Fall kranke oder tote in den Becken befinden. Die Einrichtung und die klimatischen Bedingungen müssen der zum Verkauf stehenden Tierart gerecht werden. Auch eine Schale mit Frischwasser sollte den Tieren in jedem Behälter zur Verfügung stehen. Falls die Terrarien stark verschmutzt sind, zum Beispiel durch Kot und alte Futterreste, erscheint es angeraten, dort auf den Kauf von Tieren zu verzichten. Solche Zustände zeugen von einer Vernachlässigung der Tiere, die hierdurch krank und geschwächt sein können. Keinesfalls sollte man solche Tiere aus Mitleid kaufen, denn so fängt man nur mit Problemtieren an, und solch ein Kauf begünstigt überdies unseriöse Händler.

In terraristischen Fachzeitschriften stößt man ferner auf Anzeigen von Terraristik-Fachgeschäften, die Tiere auf dem Versandweg anbieten. Nur wenn der Händler als vertrauenswürdig gilt und für qualitativ hochwertige Lieferungen bekannt ist, sollte man auf diese Weise ein Tier erwerben. Bei unbekannten Händlern empfiehlt es sich, ihnen nach Möglichkeit zunächst einen Besuch abzustatten, um sich vor Ort von den ordnungsgemäßen Haltungsbedingungen zu überzeugen.
Falls dies nicht möglich ist, sollte man telefonisch mit dem Händler Kontakt aufnehmen, um sich zu erkundigen. Bei dieser Gelegenheit stellt man ihm eingehende und umfangreiche Fragen, um herauszubekommen, ob er kompetent ist und die Fragen eingehend und bereitwillig beantwortet. Ein seriöser Händler wird dies immer tun.

Sicheres Halten einer Bartagame. Foto: Steimer

44

2.3. Auswahl

Findet man ein Geschäft mit sauberen Terrarien, wo den Tieren frisches Wasser und Futter zur Verfügung steht, so kann man sich hier eine Bartagame auswählen. Bevor man sich entscheidet, sollte man auf folgende Kriterien achten, die eine gesunde Bartagame auszeichnen:

• Das Tier hat offene Augen, es ist munter und agil und die Nase ist trocken sowie ohne Ausfluss.

• Die junge Bartagame muss insgesamt wohlgenährt sein, was man an muskulösen Schenkeln und einem kräftigen Schwanz gut erkennen kann: diese Stellen dürfen auf keinen Fall stark eingefallen oder faltig wirken.

• Ober- und Unterkiefer sollten keinerlei Schwellungen, Deformationen oder Verletzungen aufweisen. Sie müssen so aufeinander passen, dass das Maul vollständig geschlossen ist.

• Die Wirbelsäule darf keine Krümmungen aufweisen, sie muss gerade verlaufen. Es sollten weder Zehen noch Schwanzspitze fehlen, und die Haut der Tiere darf keine Verletzungen, Geschwüre oder sonstige krankhaften Veränderungen zeigen.

Selbst wenn das Tier nach diesen Kriterien gesund wirkt, können Krankheiten nicht ausgeschlossen werden. Auch erfahrene Terrarianer können nur das äußere Erscheinungsbild eines Tiers beurteilen. Grundsätzlich empfiehlt es sich daher, alle neu erworbenen Tiere in den ersten Wochen streng unter Quarantäne zu stellen.

2.4. Transport

Hat man sich für den Kauf entschieden, so wird das Tier meist vom Händler oder Züchter eingepackt. Hierfür dienen häufig Stoffsäckchen oder kleine Dosen aus Kunststoff oder Papier, die mit Lüftungslöchern versehen sind. Beim Erwerb mehrerer Tiere ist darauf zu achten, dass jedes einzeln verpackt wird. Für den Fall, dass extreme Außentemperaturen herrschen (dies kann sowohl Kälte im Winter als auch Hitze im Sommer bedeuten), verwendet man einen Styroporkarton oder eine Iso-Box, in der die Bartagame(n) vor starken Temperaturschwankungen geschützt sind. Im Winter wird eine mit warmem Wasser gefüllte Wärmeflasche in den Isolierkarton gelegt, um ein zu starkes Absinken der Temperatur während des Transports zu verhindern. Falls dieser mehrere Stunden dauert, muss der thermostabile Behälter groß genug sein, um dem Tier genügend Sauerstoff zu bieten.

Während der Fahrt muss das Tier unbedingt im Transportbehälter verbleiben; deshalb muss man sich vergewissern, dass er auch wirklich fest verschlossen ist. Ein Entkommen würde sowohl für den Fahrer als auch für das Tier unnötigen Stress bedeuten. Wichtig ist ferner, dass der Transportbehälter eine gewisse Standfestigkeit aufweist, damit er nicht durch abruptes Bremsen oder einen zu rasanten Fahrstil sofort umkippt oder hin und her geschaukelt wird.

Bei extremen Außentemperaturen müssen Bartagamen in einer Styroporbox transportiert werden.
Foto: Steimer

2.5. Eingewöhnung

Neu erworbene Tiere müssen in den ersten acht Wochen zur Beobachtung in einem Quarantänebehälter untergebracht werden. Dies ist erforderlich, damit man sich ein neu eingerichtetes Terrarium nicht gleich mit Krankheiten und Schädlingen verseucht oder den vorhandenen Tierbestand mit Krankheitserregern infiziert.

Selbstverständlich wird ein solches Quarantäneterrarium rechtzeitig VOR der Anschaffung des Tiers eingerichtet.

Für diesen Zweck eignen sich einfache Kunststoffterrarien mit Plastikdeckel. Heizung und Beleuchtung sollten der Art entsprechend ausfallen (3.3.). Als Bodengrund dient Zeitungspapier, weil es recht keimfrei ist und sich schnell auswechseln lässt. Einrichtungsgegenstände wie Korkrinde (als Versteckmöglichkeit), Kletteräste und eine Schale mit Frischwasser sind unbedingt erforderlich. Um den Neuankömmling nicht sofort einem zu starken Stress auszusetzen, geht man folgendermaßen vor: Die Transportschachtel wird vorsichtig geöffnet und in das eingerichtete Terrarium gestellt. In der Regel kriecht die Bartagame selber aus dem Behälter. Wenn es sich nicht vermeiden lässt, das Tier in die Hand zu nehmen, sollte man es von unten anfassen, wobei die Hand unter Brust und Bauch greift; mit dem Daumen kann man die Agame dann vorsichtig festhalten.

Schlicht eingerichtetes Quarantäneterrarium zur Eingewöhnung. Foto: Steimer

Bartagamen, *Pogona vitticeps*, fühlen sich bei artgerechter Pflege im Terrarium sehr wohl. Foto: Steimer

Versucht man hingegen, die Echse von oben zu packen, so gerät sie in Panik, da dies die typische Zugriffsweise eines Fressfeinds ist. Um festzustellen, ob der neue Pflegling auch gesund ist, schickt man zuerst eine Kotprobe an eine entsprechende Untersuchungsstelle (8.). Wichtig ist dabei, dass der Kot frisch abgesetzt wurde: Eine Probe aus bereits angetrockneten Exkrementen liefert keine zuverlässigen Ergebnisse. Der Kot wird zusammen mit einigen Tropfen Wasser in eine Filmdose oder in ein Kotröhrchen (beim Tierarzt oder in der Apotheke erhältlich) gegeben. Die Probe sollte anschließend sofort per Eilzustellung an ein entsprechendes Labor geschickt werden. Fällt das Ergebnis „positiv" aus, sind Parasiten gefunden worden. Befund und Therapiemaßnahmen werden dem Tierhalter von der Untersuchungsstelle mitgeteilt. Ein Therapieplan mit der entsprechenden Medikamentengabe kann dann mit einem einschlägig qualifizierten Tierarzt abgesprochen werden. Falls das Untersuchungsergebnis „negativ" ausfällt, wurden in der Kotprobe keine Parasiten gefunden. Dies ist jedoch kein eindeutiges Zeichen dafür, dass das neu erworbene Tier völlig frei von Parasiten ist, da sich nicht in jede Kotprobe Parasiten, deren Larvenstadien oder Eier finden. Um ganz sicher zu gehen, sollte noch zwei weitere Proben im Abstand von jeweils einer Woche eingeschickt werden. Wenn nach drei Untersuchungen keine Parasiten nachweisbar sind und das Tier ausreichend frisst und trinkt, kann es nach Beendigung der Quarantänezeit in sein endgültiges Terrarium eingesetzt werden.

In den ersten Wochen sollte man dem Neuankömmling Zeit und Ruhe gönnen, damit er seine neue Umgebung kennen lernen kann. Anderen Haustieren wie Hunde oder Katzen dürfen dabei keine Möglichkeit haben, den neuen Mitbewohner ständig zu beobachten: Die Bartagame bemerkt sofort, dass sie ständig fixiert wird und dies könnte für sie unnötigen Stress bedeuten oder sorgen. Nach einiger Zeit gewöhnen sich die Echsen an ihr Umfeld und sie sehen in anderen Haustieren und Familienmitgliedern keine Gefahr mehr.

Obwohl Bartagamen seit Generationen im Terrarium nachgezogen werden und meist recht zahm und zutraulich werden, sollte man nicht vergessen, dass es sich immer noch um Wildtiere handelt, die man auf keinen Fall frei in der Wohnung herumlaufen lassen sollte. Bartagamen vertragen keine Zugluft, und die Gefahr, dass sich die Tiere verstecken, beim Schließen von Türen eingequetscht oder übersehen und getreten werden, ist immer sehr groß.

2.6. Arten- und Tierschutzbestimmungen

Glücklicherweise unterliegen australische Tiere nach der neuen, am 01. Juni 1997 in Kraft getretenen Artenschutzverordnung der Europäischen Union nicht mehr der Anmeldungspflicht. Nachzuchten können folglich von jedermann erworben und auch abgegeben werden, ohne dass dabei eine Meldung an die Naturschutzbehörden zu erfolgen hat.

Allerdings ist jeder Pfleger von Tieren verpflichtet, das Bundestierschutzgesetz zu beachten. Dies gilt auch für das „Gutachten über Mindestanforderungen an die Haltung von Reptilien vom 10. Januar 1997", ausgegeben vom BMELF (Bundesministerium für Ernährung, Landwirtschaft und Forsten). Es ist in Deutschland allgemein gültig und sollte jedem Terrarianer bekannt sein. Um Probleme mit der Naturschutzbehörde zu vermeiden, sollte man sich bei der Haltung von Terrarientieren möglichst an dieses Gutachten halten, da es den Behörden als Richtlinie dient.

Hier ein kurzer Auszug aus dem oben erwähnten Gutachten:

Wer ein Tier hält oder zu betreuen hat, muss dieses seiner Art und seinen Bedürfnissen entsprechend angemessen ernähren, pflegen und verhaltensgerecht unterbringen; er darf die Möglichkeit des Tiers zur artgemäßer Bewegung nicht so einschränken, dass ihm Schmerzen oder vermeidbare Leiden oder Schäden zugefügt werden (§ 2 des Tierschutzgesetzes).

Deshalb müssen vor dem Kauf eines Reptils Kenntnisse über die Biologie der betreffenden Art und die sich daraus ergebenden Haltungsanforderungen erworben sowie ein Terrarium für seine artgemäße Haltung vorbereitet werden. Dem Erwerb von Nachzuchten ist grundsätzlich Vorzug zu geben. Arten, die der fachlich informierte – sachkundige – Anfänger halten kann oder die nur der Spezialist halten soll, sind im Gutachten gesondert gekennzeichnet. Alle nicht oder als „nur für den Spezialisten geeignet" gekennzeichneten Arten sowie alle Chamäleons eignen sich nicht für den „Einstieg" in die Reptilienhaltung.

Das Gutachten soll und kann das Studium entsprechender Fachliteratur nicht ersetzen; als alleinige Quelle für den Erwerb von Wissen über die Reptilienhaltung ist es nicht geeignet.

Der vollständige Text kann über die Geschäftsstelle der DGHT bezogen werden:

DGHT, Postfach 1421, D-53351 Rheinbach.

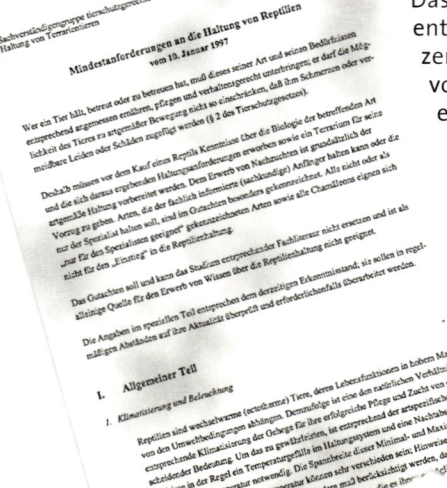

3. Das Terrarium

3.1. Standort

Sobald der Entschluss feststeht, ein Terrarium zur Pflege von Bartagamen anzuschaffen, muss man sich als erstes Gedanken zum Aufstellplatz machen. Der wichtigste Faktor ist dabei die Temperatur. Können die Sonnenstrahlen ein Terrarium mit ihrer ganzen Kraft erreichen, so steigen die Temperaturen sehr schnell in einen für die Agamen nicht mehr erträglichen Bereich. Bei kleinen Behältern, zum Beispiel Aufzuchtterrarien, reichen mitunter einige Minuten aus, um die Temperaturen über die maximal erträglichen steigen zu lassen. Obwohl Bartagamen viel Licht brauchen empfiehlt es sich daher nur bei oben offenen Behältern, diese an ein Südfenster zu

stellen, wenn neben der Überhitzung des Terrariums auch die des Raums ausgeschlossen ist. Wegen des enormen Lichteinfalls eignen sich Wintergärten und Gewächshäuser grundsätzlich besonders als Aufstellplätze für Terrarien. Wichtig ist natürlich auch, dass die Temperaturen dort nicht zu stark absinken (je nach gepflegter Art und imitierter Jahreszeit gelten hier unterschiedliche Werte).

Die beste Klimasteuerung hat man, wenn man alle Faktoren selbst bestimmen kann. Ein überhitztes Terrarium ist schwierig zu kühlen, die Temperaturen zu erhöhen, bereitet dagegen keine Schwierigkeit. Bestehen Unsicherheiten bezüglich der Temperaturen, die im Terrarium erreicht werden, so müssen diese in jedem Fall vor dem Besatz mit Tieren über einen längeren Zeitraum gemessen werden.

Der Standort des Terrariums sollte sorgfältig ausgewählt sein.
Foto: Steimer

3.2. Größe

Wie schon gesagt, liegt seit dem 10. Januar 1997 ein Gutachten des Bundesministeriums für Ernährung, Landwirtschaft und Forsten (BMELF) über die „Mindestanforderungen an die Haltung von Reptilien" vor. Entscheidendes Kriterium für die Bemessung der Terrariengröße ist nach diesen Anforderungen die Kopf-Rumpf-Länge der zu haltenden Tiere. Diese Länge multipliziert man mit 5 x 4 x 3 (Länge x Breite x Höhe), um beispielsweise die Größe eines Terrariums für ein Pärchen adulter Bartagamen zu errechnen. *Pogona vitticeps* kann eine Kopf-Rumpf-Länge von etwa 25 cm erreichen; demzufolge müsste das Terrarium als Mindestmaße 125 x 100 x 75 cm (Länge x Breite x Höhe) aufweisen. Möchte man noch ein Tier hinzufügen, so muss die Grundfläche um 15 % größer ausfallen. In Ausnahmefällen (Quarantäne, Krankheit, Winterruhe, Aufzucht und kurzfristige Trennung der Tiere) dürfen indes entsprechend kleinere Behälter bereitgestellt werden.

Im Zoohandel ist das Terrariensortiment mittlerweile recht umfangreich geworden. Silikongeklebte Vollglasterrarien werden dabei von Terrarianern am häufigsten ausgewählt. Gute Terraristik-Fachgeschäfte fertigen auf Kundenwunsch auch Behälter nach Maß an. Wer genug handwerkliches Geschick und Begeisterung besitzt und sein Terrarium selber bauen will, findet auch hierzu umfangreiche Fachliteratur.

Beim Bau oder Kauf eines Terrariums dieser Größe sollte darauf geachtet werden, dass sich auch die weiter hinten gelegenen Bereiche mühelos erreichen lassen. Lüftungsflächen sollten sich an der Vorder- und Oberseite des Terrariums befinden. Für die Gesundheit der Tiere ist es sehr wichtig, dass jede Stickluft im Terrarium vermieden wird. Deshalb sollte etwa die Hälfte der Oberseite des Behälters aus Gaze bestehen. Bartagamen bewohnen in Australien sehr heiße und trockene Habitate. Neben Glasbecken kann man daher auch sehr gut stabile Holzterrarien verwenden, da eine Belastung mit zuviel Feuchtigkeit von der Haltungsart her ausscheidet.

Hat man die Möglichkeit, seinen Agamen im Sommer einen Freilandaufenthalt zu gönnen, so sollte man eine entsprechende Freilandanlage bauen. Das ungefilterte Sonnenlicht trägt sehr zur Vitalität der Tiere bei, denn keine noch so gute Beleuchtungsanlage kann seine Qualität und Quantität vollwertig ersetzen.

3.3. Heizung und Beleuchtung

Bartagamen sind – wie alle Reptilien – wechselwarm, das heißt ihre Körpertemperatur – und somit die Aktivität der Tiere – ist von Umgebungstemperatur und Strahlungswärme abhängig. Echsen benötigen daher einen spezifischen Temperaturbereich, in dem die wichtigsten Körperfunktionen normal ablaufen und sie ihr abwechslungsreiches Verhalten zeigen können.

Dabei werden zwei Temperaturbereiche unterschieden: Zum Einen die Aktivitätstemperatur; das ist jener Bereich, in dem die Bartagame grundsätzlich aktiv werden und bleiben (18 bis 35 °C). Zum Anderen die Vorzugstemperatur; diese liegt höher als die Aktivitätstemperatur und wird anhand der Körperwärme des Tiers gemessen. Im Gegensatz zur ihr spiegelt die Aktivitätstemperatur nur die Verhältnisse in der Umgebung wider.

Hieraus folgt, dass im Terrarium stets eine bestimmte Grundtemperatur vorherrschen muss, wobei die Tiere zusätzlich eine Möglichkeit brauchen, sich lokal auf ihre Vorzugstemperatur aufzuheizen.

Aktivität und Vitalität der tagaktiven Bartagamen werden nicht nur durch die Temperatur, sondern auch durch eine möglichst intensive Beleuchtung gefördert. Hier darf auf keinen Fall gespart werden. Um den Tieren eine Lichtintensität zu bieten, die dem natürlichen Sonnenlicht nahe kommt, empfiehlt sich eine Kombination verschiedener Lampen.

Ein Terrarium mit den Maßen 125 x 100 x 75 cm (Länge x Breite x Höhe) sollte mindestens über vier hochwertige Leuchtstoffröhren und zusätzliche Strahler verfügen, deren Längen in etwa der des Terrariums entsprechen. Infrage kommen hier Modelle, deren Spektrum dem des Tageslichts sehr ähnlich ist. Man sollte die Röhren grundsätzlich etwa alle sechs bis zwölf Monate erneuern, weil ihre Lichtqualität nach diesem Zeitraum erfahrungsgemäß meist deutlich nachlässt. Aufgrund der ständigen Neuentwicklungen auf dem Leuchtmittelmarkt sollte man sich beim Fachhändler ausreichend über das Farbspektrum, die Lichtausbeute und Brenndauer der im Handel angebotenen Lampen informieren. Im Zoohandel werden auch verschiedene speziell für Reptilien konzipierte Beleuchtungsmittel angeboten.

Unerlässlich ist bei Bartagamen auch ein gewisser UV-Anteil. Hier unter-

Dekorativ eingerichtetes Bartagamenterrarium. Foto: Steimer

scheidet man die UV-A-Strahlung, die Aktivität und allgemeines Wohlbefinden der Tiere fördert, und die UV-B-Strahlung, welche zur Synthese von Vitamin D benötigt wird, welches für die Verarbeitung von Calcium (und somit für den Knochenaufbau der Tiere) lebenswichtig ist. Bei Verwendung von UV-Strahlern oder Lampen mit UV-Anteil sollte man unbedingt die Hinweise des Herstellers bezüglich Mindestabstand und Beleuchtungsdauer beachten. Wesentlich empfehlenswerter sind bei Terrarien dieser Größe die so genannten Metalldampfentladungslampen wie HQL- und HQI-Strahler. Diese erzeugen neben intensiv gebündeltem Licht auch eine unbedingt erforderliche Strahlungswärme, die von den Bartagamen gerne angenommen wird. Bei nur mit Leuchtstoffröhren ausgeleuchteten Terrarien sollten zwei einfache Reflektorglühlampen oder auch

Halogenstrahler den Tieren lokale Gelegenheiten zum Sonnen bei 45 bis 50 °C bieten, damit sie sich auf ihre Vorzugstemperatur aufwärmen können. Um Verbrennungen zu vermeiden, müssen die Leuchtmittel so angebracht werden, dass sie von den Tieren nicht erreicht werden können und von der Licht- und Wärmestrahlung einen gewissen Mindestabstand einhalten.

Strahlungsenergie ist immer die natürlichste Wärmequelle, doch muss man bei größeren Terrarien (wie sie für Bartagamen erforderlich sind) zusätzlich Heizmatten oder -platten einsetzen, um für die erforderlichen Aktivitätstemperatur zu sorgen. Im Zoofachhandel findet sich eine große Auswahl derartiger Heizgeräte. Um einen unnötigen Wärmeverlust zu verhindern, sollte man sie aber immer gut nach unten hin isolieren.

Bartagamen benötigen exponierte Sonnenplätze im Terrarium.
Foto: Steimer

3.4. Einrichtung

Auch wenn sich die Tiere in der Natur anscheinend in gewissem Maße an bestimmte Bodensubstrate anpassen können, scheint dies in der Terrarienhaltung eher eine unbedeutende Rolle zu spielen. Als Bodengrund eignen sich Lehm-Sand- oder Kies-Sand-Gemische. Bei der Verwendung von Sand sollte man auf Fluss- oder Seesand zurückgreifen, da dieser schon stark abgeschliffen ist. Normalerweise reicht es völlig aus, wenn der Bodengrund etwa 10 cm hoch ist. Für die Eiablage sollte jedoch eine mindestens 25 cm hohe Schicht zur Verfügung stehen.

Bartagamen benötigen Versteckmöglichkeiten im Terrarium. Foto: Steimer

Wichtig ist eine ausreichend große Wasserschale, die nicht nur zum Trinken, sondern auch zum Baden genutzt wird. Foto: Steimer

Versteckmöglichkeiten bietet man den Bartagamen durch Felsaufbauten mit Hohlräumen. Es ist wichtig, mit den ersten Steinen direkt auf der Bodenplatte des Terrariums zu beginnen, damit die Tiere keine Möglichkeit haben, diese zu untergraben. Dann könnte die Felskonstruktion nachrutschen und die Bartagame zerquetschen. Die gründlich gesäuberten Steine müssen unbedingt mit Zement vermauert werden, damit die Konstruktion später nicht aus dem Lot gerät.

Die Hohlräume sind so einzufügen, dass man sie gut erreichen und kontrollieren kann. Allerdings dürfen sie nicht zu groß ausfallen, damit die Tiere an Bauch und Rücken Kontakt zum Gestein haben. Zu große Höhlen werden nur ungern angenommen. Dabei ziehen sich Bartagamen nicht nur in waagerechte, sondern auch in senkrechte Felsspalten zurück.

Besteht die Bodenplatte des Terrariums nur aus dünnem Glas, so kann man auch Styropor- oder Korkplatten zu wesentlich leichteren künstlichen „Felslandschaften" zusammenfügen. Diese werden mit Silikon verklebt und anschließend mit Moltofill für Außen oder Fertigbeton verputzt. So verleiht man der Konstruktion zusätzliche Stabilität. Um den Verputz natürlicher wirken zu lassen, kann man ihn mit Sand oder Steinmehl bestreuen sowie nach Wunsch mit Metalloxidfarben einfärben. Auch die Rück- und Seitenwände lassen sich auf diese Weise gestalten. Bartagamen klettern gerne oder ruhen im Terrarium auf erhöhten Positionen. Hierzu muss man einige stabile Kletteräste in den Behälter einbringen. Diese brauchen einen Durchmesser von mindestens 5 bis 10 cm. Sie müssen so angebracht sein, dass sie nicht verrutschen, wenn die Echsen auf ihnen klettern.

Zur optischen Verschönerung kann man auch einige Pflanzen ins Terrarium setzen. Diese sollten jedoch mitsamt dem Topf verwendet werden, damit man beim Gießen nicht immer den gesamten Bodengrund durchfeuchtet. Hierfür bieten sich Töpfe aus Ton oder Terrakotta an.

Für ein Wüstenterrarium wird man auf jeden Fall Pflanzen auswählen, die einen trockenen und warmen Standort benötigen, kräftig genug sind, um dem Gewicht einer Bartagame stand zu halten, und nicht unbedingt zu deren Speiseplan zählen. Pflanzen folgender Gattungen sind hierfür geeignet: *Sansevieria, Aloe, Yucca, Crassula, Sempervivum, Cryptanthus* und andere Sukkulenten. Auf kräftig bedornte Kakteen ist aufgrund der Verletzungsgefahr zu verzichten. Wichtig ist auch eine Wasserschale, die aber mindestens so groß wie der Körper der Bartagame sein sollte, da manche Tiere auch hin und wieder gerne ein Bad nehmen.

Bartagamen nutzen die Vegetation gerne zur Deckung.
Foto: Steimer

4. Pflege

4.1. Hygiene

Die Gesundheit unserer Bartagamen hängt
– neben anderen Faktoren – auch von der
Hygiene im Terrarium ab. Futterreste sollten spätestens am Tag nach der Fütterung
beseitigt und Kot alle paar Tage so aus dem
Terrarium genommen werden, dass gleichzeitig ein Teil des Bodensubstrats ausge-
wechselt wird. Wie oft dieser komplett aus-
getauscht werden muss, hängt von der
Größe des Terrariums und vom Tierbesatz
ab (einmal jährlich ist in der Regel völlig
ausreichend). Herausnehmbare Äste und
Steine werden ebenfalls etwa einmal im
Jahr gründlich mit heißem Wasser abge-
spült. Eine chemische Desinfektion ist nicht
erforderlich, wenn die Tiere gesund sind
[dies kann man zum Beispiel durch jähr-
liche Kotproben-Untersuchungen überprü-
fen lassen (näheres in Kapitel 7.1.)].

Besitzt man mehrere Terrarien, so sollte für
jedes eine eigene kleine Schaufel verfügbar sein, um das Risiko einer möglichen
Verschleppung von Krankheitskeimen möglichst gering zu halten.
Erwirbt man ein neues Tier, das in eine be-
stehende Gruppe integriert wird, so empfiehlt es sich, dieses etwa acht bis zehn
Wochen in einem einfach eingerichtetem
Quarantänebehälter zu pflegen. Während
dieser Zeit schickt man dem Tierarzt etwa
zwei- bis dreimal Kotproben zur Untersuchung auf Parasiten.
Bei kleineren Tieren kann man hierzu die
einfachen Kunststoffbecken mit Deckel
verwenden, die man im Zoohandel in
verschiedenen Größen kaufen kann. Als
Bodengrund dient Zeitungspapier.
Weitere Einrichtungsgegenstände wie
Kletterast und Versteckmöglichkeit müssen sich zum einfachen Säubern und Desinfizieren leicht herausnehmen lassen.
Zur Desinfektion eignet sich eine 70%ige

Ethanol-Lösung: sie hinterlässt nach gründlichem Auslüften keinerlei Rückstände.

Das Wasser im Trinknapf sollte täglich gewechselt werden. Einige Bartagamen nehmen hin und wieder gerne ein Bad und setzten dabei ihren Kot im Wasser ab. Der Napf muss anschließend sofort gesäubert werden. Auch zu diesem Zweck sollte man für jedes Terrarium eine eigene Spülbürste bereithalten.

Einige Parasiten sind auch auf den Menschen übertragbar; daher empfiehlt es sich Terrarieneinrichtungen oder Werkzeuge für die Terrarien nie im Küchenspülbecken zu reinigen. Hat man die Insassen eines Terrariums in die Hand genommen oder dort Kot oder Futterreste entfernt, so muss man sich zur Minderung des Übertragungsrisikos von Krankheiten und Parasiten gründlich die Hände waschen, bevor das nächste Terrarium an die Reihe kommt. Analog zu dem Verhältnissen im natürlichen Verbreitungsgebiet von *Pogona vitticeps* kann die relative Luftfeuchtigkeit zwischen 40 und 60 % schwanken. Sie darf auf keinen Fall für längere Zeit über 60 % steigen, da dies eine Infektion der Tiere mit Pilzkrankheiten fördern würde. Die Terrarieneinrichtung kann zwar ab und zu mit lauwarmem Wasser besprüht werden, doch muss alles innerhalb von zwei Stunden wieder abgetrocknet sein. Eine solche Sprühaktion wird am besten stets in den Morgenstunden erfolgen; dies simuliert im Übrigen eine frühmorgendliche Taubildung, wie sie im natürlichen Habitat regelmäßig stattfindet.

Was für den Menschen ungesund ist, wird man auch den Tieren nicht zumuten: deshalb ist das Rauchen im Terrarienzimmer unbedingt zu vermeiden.

4.2. Jahreszeiten und Winterruhe

Wie alle Reptilien sind auch die Bartagamen exotherm, das heißt, sie können ihre Körpertemperatur nicht selbstständig aufrecht erhalten, sondern sind dazu auf Wärmequellen in ihrer Umgebung angewiesen. Falls solche nur unzureichend verfügbar sind, werden wichtige lebenserhaltende Funktionen wie Nahrungsaufnahme und Verdauung stark beeinträchtigt.

In Ihrem natürlichen Verbreitungsgebiet sind Bartagamen saisonal variierenden Klimaverhältnissen ausgesetzt. Diese sollten im Terrarium nach Möglichkeit nachgeahmt werden, um auf diese Weise die Vitalität und Paarungsbereitschaft der Echsen zu fördern.

Die ideale Grundtemperatur liegt für *Pogona vitticeps* im Sommer tagsüber bei etwa 25 bis 30 °C. Es darf dabei auch kühlere Zonen (ca. 22 °C) geben, denn die Tiere brauchen eine Möglichkeit, sich notfalls dorthin zurückziehen zu können. Unter den Strahlern sollten sie hingegen Temperaturen von 45 bis 50 °C vorfinden. Im Sommer darf die Temperatur nachts auf Werte zwischen 18 und 22 °C sinken.

Sinnvoll ist es, die Strahler direkt auf Steine auszurichten, diese speichern die Wärme und geben sie auch dann noch an die darauf sitzenden Tiere ab, wenn die Lampen bereits ausgeschaltet sind. In der Natur sieht man Bartagamen deshalb oft auf Asphaltstraßen oder Felsen liegen, weil auch diese die Sonnenwärme speichern.

Es ist wichtig, den Tieren verschiedene Temperaturzonen anzubieten. Dies lässt sich am einfachsten kontrollieren, indem man zwei Thermometer an verschiedenen Stellen anbringt. Die nötige Temperatur

Wird ein großer Stein oder eine Platte mit dem richtigen Leuchtmittel gezielt bestrahlt, so kann im Terrarium auf eine Bodenheizung verzichtet werden.
Foto: J. Schmidt

wird meist schon durch die verwendeten Leuchtmittel erreicht. Auf Bodenheizungen kann somit verzichtet werden, zumal diese eine unnatürliche Wärmequelle darstellen. Wer Bartagamen züchten will, der muss ihnen in den Sommermonaten eine Beleuchtungsdauer von 14 Stunden bieten, die zum Winter hin allmählich auf zehn Stunden verkürzt wird. Am besten steuert man diesen Prozess über einfache Zeitschaltuhren. Sobald sich die Bartagamen für längere Zeit zurückziehen, kann auch die Heizung für etwa zwei Monate reduziert werden. Es genügt dann, einen Strahler kurzzeitig – für etwa vier bis fünf Stunden – und eine Leuchtstofflampe für etwa zehn Stunden angeschaltet zu lassen. So wird die Temperatur gesenkt und die Bartagamen halten eine Art Winterruhe, haben aber dennoch die Möglichkeit, sich bei Bedarf unter dem noch aktiven Strahler etwas aufzuheizen. Dauerhaft kühle Temperaturen über mehrere Monate (wie man sie zum Beispiel beim Winterschlaf der Griechischen Landschildkröte einhalten muss) können für Bartagamen tödlich sein.

Den Agamen sollte außerdem immer – auch im Winter – eine Schale mit frischem Trinkwasser zur Verfügung stehen; die Tiere benötigen dann aber kein Futter. Während der Winterruhe ist eine Grundtemperatur von 20 °C am Tag und 12 bis 15 °C nachts völlig ausreichend. Die Ruhephase kann bis zu drei Monaten dauern. Vereinzelt bleiben Bartagamen auch während des ganzen Winters aktiv.

Wichtig ist, dass man nur gesunden Tieren eine Winterruhe gewährt; schwachen und kranken darf man diese Ruhephase nicht zumuten. Durch die langsame Reduzierung von Beleuchtung und Temperatur nehmen die Bartagamen immer weniger Futter zu sich.

Auf diese Weise ist sicher gestellt, dass sich die Tiere nicht mit vollem Magen-Darm-Trakt in die Ruhephase begeben. Bei den niedrigeren Temperaturen wird der Verdauungsprozess nämlich stark eingeschränkt, was schwere gesundheitliche Probleme nach sich ziehen kann. Während der Winterruhe verstecken sich die Agamen meist in Felsspalten oder sie graben sich ein. Seltener wird ein Platz ohne Deckung aufgesucht. Ihre erste Winterruhe dürfen junge Bartagamen bereits im Alter von etwa vier Monaten halten.

5. Vermehrung

Ziel jedes Terrarianers sollte nicht nur die artgerechte Haltung sondern auch die Nachzucht seiner Pfleglinge sein. Daran erkennt man meist auch, ob sich die Tiere wirklich wohl fühlen und die natürlichen Bedingungen im Terrarium so gut nachempfunden wurden, dass es schließlich zur

Paarung und erfolgreichen Eiablage kommt. Vorraussetzung dafür ist allerdings ein geeignetes Pärchen oder eine kleine Zuchtgruppe. Eine wichtige Rolle spielt auch die Synchronisation der Geschlechter: Dies bedeutet, dass Männchen und Weibchen den gleichen saisonalen Schwankungen ausgesetzt werden, um gleichzeitig zur Fortpflanzung motiviert zu sein.

Beim Vergleich der Schwanzwurzeln kann man leicht das Geschlecht bei adulten Tieren feststellen, links Männchen, rechts Weibchen. Foto: Steimer

5.1. Geschlechtsbestimmung

Bartagamen weisen einen ausgeprägten Sexualdimorphismus auf, das heißt man kann ihr Geschlecht eindeutig anhand äußerer Merkmale bestimmen. Am besten vergleicht man mehrere gleich große Tiere einer Art.

Hierbei fällt in der Regel als erstes auf, dass die Männchen meist breitere und größere Köpfe haben. Ferner besitzen die Männchen zwei Hemipenis, die sich normalerweise in den so genannten Hemipenistaschen befinden, die man im Schwanzwurzelbereich als zwei leichte, parallel zum Schwanz verlaufende Verdickungen erkennt. Dazu hält man die Bartagame so, dass ihr Kopf vom Betrachter weg zeigt; dann biegt man ihren Schwanz vorsichtig und ohne Druck so, dass seine Schwanzspitze in Richtung Hinterkopf zeigt. Man hebt ihn nur so stark an, dass die Kloa-

kenöffnung sichtbar ist. Beim Männchen liegen an der Schwanzwurzel (hinter der Kloake) die Hemipenistaschen, welche sich nun deutlich als paarige Verdickung abzeichnen. Das zu bestimmende Tier muss hierfür allerdings mindestens drei bis vier Monate alt sein. An den Innenseiten der Schenkel verlaufen bei ausgewachsenen männlichen Bartagamen eine Reihe von Poren, die Femoral- und Präanalporen. Dies sind Drüsen, welche – meist während der Paarungszeit – ein dickflüssiges, gelblich gefärbtes Sekret produzieren, das Pheromone (Geschlechtsduftstoffe) enthält.

Männliche Bartagamen können bei Erregung ihre Kehle (und somit den „Bart") dunkel färben; außerdem sind sie meist von kräftigerer Statur als Weibchen. In seltenen Fällen können die genannten Merkmale jedoch auch auf Weibchen zutreffen. Eine Geschlechtsbestimmung von Jungtieren ist nahezu unmöglich.

Die Männchen besitzen bei *Pogona vitticeps* stärker ausgeprägte Femoralporen an der Innenseite der Hinterbeine. Foto: Steimer

5.2. Zuchtgruppe

Jede erfolgreiche Zucht setzt eine harmonische Zuchtgruppe voraus. Da Bartagamen von Natur aus Einzelgänger sind, empfiehlt es sich, solche Gruppen nicht zu groß werden zu lassen.

Selbstverständlich hängt dabei viel von der Größe des Terrariums ab. Da Männchen untereinander meist unverträglich sind, sollte immer nur eines mit zwei bis drei Weibchen vergesellschaftet werden. Die Weibchen halten untereinander in der Regel Frieden, und ihre Überzahl gewährt dem Einzeltier während der Paarungszeit zeitweilig etwas Schutz vor der Zudringlichkeit des Männchens. Wenn man nur ein Weibchen hielte, dann würde dieses – den permanenten Paarungsversuchen des Männchens ausgesetzt – zu stark gestresst oder es erlitte bei den zahlreichen Kopulationen, die jedes Mal vom typische Nackenbiss begleitet werden, sogar Verletzungen. Auf jeden Fall muss das Terrarium der Zuchtgruppe entsprechend den „Mindestanforderungen zur Haltung von Reptilien" (3.1.) bemessen sein.

5.3. Paarung und Eiablage

Die natürliche Fortpflanzungszeit – der australische Frühling und Frühsommer – entspricht in unseren Breiten dem Zeitraum von September bis Februar/März. Im Terrarium passen sich die Tiere normalerweise problemlos unseren Jahreszeiten (mit den entsprechenden Tageslängen) an, so dass sie sich vom Frühjahr bis zum Sommer fortpflanzen.

Falls eine entsprechende Winterruhe eingehalten wurde (4.2.), kommt es im Frühjahr zu Paarungen, denen ein interessantes und komplexes Balzverhalten vorausgeht. Das Männchen beginnt dem Weibchen zu imponieren, indem es zuerst seinen Bart spreizt, dem Weibchen zugewandt häufig mit dem Kopf nickt und dabei in den Vorderbeinen einknickt (so genannte „Liegestütze"). Dieses Verhalten dauert manchmal auch zwei bis drei Wochen an, bis das Weibchen endlich zur Paarung bereit ist. Es signalisiert seine Paarungsbereitschaft, indem es Oberkörper und Kopf senkt und still am Boden verharrt. Daraufhin nähert sich ihm das Männchen von der Seite her und beißt es in den Nacken. Wenn das Weibchen dies ohne Widerstand zulässt, gleitet das Männchen auf seinen Rücken, rutscht seitlich herunter und streicht mit seinem Hinterbein so oft über den Rücken des Weibchens, bis dieses den Schwanz anhebt und es so dem Männchen ermöglicht, einen der Hemipenes in seine Kloake einzuführen. Derartige Paarungen können zwei- bis dreimal am Tag und über ein bis zwei Wochen verteilt erfolgen.

Daraus wird deutlich, wie sinnvoll es ist, pro Männchen wenigstens zwei Weibchen zu halten. Auch das Männchen unterliegt

Die Weibchen besitzen nur schwach ausgeprägte Femoralporen. Foto: Steimer

Trächtigen Weibchen müssen geeignete Eiablageplätze im Terrarium angeboten werden. Foto: Steimer

während dieser Phase einem starken Stress: Es ist derart angespannt, dass es unterdessen kaum frisst oder trinkt. Wenn die Männchen zu aufdringlich werden und ihren Partnerinnen keine Zeit zum Fressen und Erholen lassen, empfiehlt es sich, die Echsen für einige Stunden zu trennen.

In der Natur trifft das Weibchen unter den Männchen seine Wahl. Dabei liegt es nahe, dass es sich für das Größte und Kräftigste entscheidet: Dies ist ein Selektionsmechanismus, der dem Überleben der Art dient. Es kann also passieren, dass ein Männchen trotz eifriger Balz vom Weibchen absolut nicht akzeptiert wird. Möchte man dennoch züchten, so muss ein anderes Männchen her. Dabei ist nicht auszuschließen, dass das von einem Weibchen verschmähte Männchen von einem anderen bereitwillig akzeptiert wird.

Nach einer erfolgreichen Paarung und einer Trächtigkeitsphase von etwa vierzig Tagen wird das Gelege abgesetzt. Weibliche Bartagamen können die Spermien speichern; dies gestattet ihnen, zwei bis drei befruchtete Gelege pro Jahr zu produzieren, ohne sich vorher erneut zu paaren. Während der Trächtigkeit ist unbedingt auf eine ausreichende Versorgung des Weibchens mit Vitaminen und Mineralstoffen (u. a. Calcium) zu achten. Gegen Ende der Trächtigkeit (die sich am zunehmenden Körperumfang ablesen lässt) frisst das Weibchen weniger als zu Beginn. Dennoch sollte ihm weiterhin Nahrung und Wasser zur Verfügung stehen. Die Eier zeichnen sich jetzt deutlich im Hinterleib des Weibchens ab.

Dem Weibchen sollten stets mehrere potentielle Ablageplätze mit unterschiedlicher Substratfeuchte und -temperatur zur Verfügung stehen. Zu Beginn läuft es unruhig durch das Terrarium, um einen geeigneten Ort zur Eiablage zu finden. Nach meist mehreren Probegrabungen legt das Tier dann die Eier in einer selbst gegrabenen Höhle ab. Es ist wichtig, das Ablagesubstrat so feucht zu halten, dass es nicht nachrutscht und dem Tier den Bau eines 25 bis 40 cm langen Tunnels gestattet, der schräg nach unten verläuft. Hierfür eignet sich ein Gemisch aus Sand und Ober- beziehungsweise Mutterboden. Das Weibchen gräbt den Tunnel vorwärts, dann dreht es sich in der Röhre um und legt die Eier hinein. Anschließend wird die Nestgrube wieder sorgfältig mit dem Aushub verschlossen. Hierbei kommen sowohl Vorder- als auch Hinterbeine zum Einsatz; zwischendurch wird das Substrat durch Kopfstöße verdichtet. Anschließend glättet das Tier die geschlossene Oberfläche der Nistgrube mit dem Schwanz.

Das Weibchen sollte während der gesamten Eiablage völlig in Ruhe gelassen werden, am besten entfernt man für diese Zeit (etwa zwei bis drei Stunden) auch die anderen Insassen aus dem Terrarium. Störungen könnten das Weibchen nämlich veranlassen, ein neues Loch zu graben, was für das Tier einen zusätzlichen Stressfaktor und Energieaufwand bedeuten würde.

Bartagamen setzen ihre Gelege in der Regel am späten Nachmittag ab. Bei jungen Weibchen bestehen die ersten meist nur aus fünf bis zehn Eiern. Ein kräftiges, gesundes und etwas älteres Weibchen kann hingegen in Ausnahmefällen sogar 30 bis 40 Eier absetzen. Die Durchschnittszahl liegt jedoch bei 15 bis 25 Eiern. Es werden zwei bis drei Gelege pro Jahr produziert, in Ausnahmefällen auch mehr.

Nach der Eiablage sind die Kräfte des Weibchens weitgehendst erschöpft; um so mehr sollte man nun darauf achten, dass es anschließend genügend trinkt und frisst, um wieder zu Kräften zu kommen.

5.4. Inkubation

Zur Zeitigung von Bartagameneiern lassen sich entweder die im Fachhandel angebotenen Inkubatoren (zum Beispiel die bekannte Jäger-Kunstglucke) für Reptilieneier verwenden oder man baut sich selber einen Brutapparat.

Es gibt ausreichend Literatur mit Bauanleitungen für verschiedene Inkubatoren. Der Vorteil der handelsüblichen Geräte liegt darin, dass sie über eine sehr exakte Temperaturregulierung verfügen; man braucht sie bei Bedarf nur noch anzuschließen und die Temperatur entsprechend einzustellen. Zur Zeitigung von Bartagameneiern stellt man sie einige Tage vor dem mutmaßlichen Ablagetermin auf 28 bis 29 °C ein.

Bei Temperaturen über 30 °C könnte es bei den Embryonen zu Missbildungen kommen oder diese sind zu schwach, um selbstständig aus den Eiern zu schlüpfen. Es ist ferner wichtig, den Inkubator so zu platzieren, dass er niemals – zum Beispiel durch direkte Sonneneinstrahlung oder sommerliche Hitze – Temperaturen über 30 °C erzeugt.

Bartagamen, *Pogona vitticeps*, beim Schlupf.
Foto: W. Schmidt

Als Zeitigungssubstrat hat sich feuchtes (aber keinesfalls nasses!) Vermiculite von mittlerer Körnung sehr gut bewährt; man kann aber auch grobkörnigen Sand (Flusssand) oder ein Gemisch aus Sand und Blumenerde oder Seramis-Tongranulat verwenden. Dieses füllt man in kleine durchsichtige Plastikdosen.

Als besonders geeignet haben sich die Futtertierschachteln für Heimchen erwiesen, weil diese bereits im Deckel oder in der Wand kleine Lüftungsporen enthalten, welche den wichtigen Luftaustausch zwischen den Eiern und der umgebenden Luft gewährleisten. Bei Schachteln ohne Luftlöcher muss man solche erst hineinstechen.

Auch die Schachteln mit dem Zeitigungssubstrat sollten, bevor man die Eier hineinbettet, einige Zeit im angeschalteten Inkubator stehen, damit das Substrat schon die erforderliche Temperatur aufweist.

Nach Beendigung der Ablage kann man die Eier vorsichtig mit der Hand ausgraben und freilegen. Dies muss mit äußerster Vorsicht geschehen, um die empfindlichen Gebilde mit Ihrer weichen, lederartigen Schale nicht zu beschädigen. Nach etwa 24 Stunden ist der Dotter des Agameneies bereits fixiert. Von nun an könnte jede noch so kleine Lageveränderung ein Platzen von Blutgefäßen verursachen, wodurch der Embryo absterben würde. Deshalb ist es wichtig,

Bartagamen, *Pogona vitticeps*, beim Schlupf und kurz nach Verlassen des Eies. Foto: W. Schmidt

Zusammengefasster Überblick für die bekannten Inkubationsdaten

Art	Gelegegröße	Zeitigungs-temperatur in °C	Zeitigungsdauer in Tagen, abhängig von der gewählten Temperatur
Pogona barbata	Zwei bis sechs Gelege im Jahr mit 8 bis 35 Eiern	25 bis 30 °C	60 bis 95
Pogona henrylawsoni	Mehrere Gelege im Jahr mit 8 bis 20 Eiern	28 bis 30 °C	50 bis 70
Pogona minor	Zwei bis drei Gelege im Jahr mit 5 bis 20 Eiern	25 bis 30 °C	45 bis 82
Pogona mitchelli	Zwei bis drei Gelege im Jahr mit 6 bis 16 Eiern	26,5 bis 28 °C	65 bis 73
Pogona vitticeps	Zwei bis sechs Gelege im Jahr mit 8 bis 30 Eiern	25 bis 30 °C	56 bis 116

Fortsetzung...

Art	Winterruhe erforderlich vgl. 4.2.	Gesamtlänge der Jungtiere beim Schlupf	Besonderheiten bei der Aufzucht
Pogona barbata	Ca. dreimonatige Winterruhe wird empfohlen	75 bis 100 mm	Am besten Einzelaufzucht, nur in den ersten Wochen ist eine gemeinsame Haltung und Beobachtung möglich
Pogona henrylawsoni	Ca. zweimonatige Winterruhe wird empfohlen	55 bis 80 mm	Am besten Einzelaufzucht, nur in den ersten Wochen ist eine gemeinsame Haltung und Beobachtung möglich
Pogona minor	Ca. dreimonatige Winterruhe wird empfohlen	82 bis 87 mm	Am besten Einzelaufzucht
Pogona mitchelli	Ca. zweimonatige Winterruhe wird empfohlen	Ca. 95 mm	Am besten Einzelaufzucht
Pogona vitticeps	Ca. dreimonatige Winterruhe wird empfohlen	89 bis 95 mm	Am besten Einzelaufzucht, nur in den ersten Wochen ist eine gemeinsame Haltung und Beobachtung möglich

Die Aufzucht der Jungtiere bereitet in der Regel keine Probleme. Die Jungtiere sind sehr verfressen und gehen willig ans Futter. Foto: W. Schmidt

das Gelege sofort zu entnehmen und in den Inkubator zu überführen, bevor der Prozess des Fixierens begonnen hat. Dabei sollten die Eier – nach Möglichkeit, ohne ihre Lage großartig zu verändern – zu etwa zwei Dritteln in das Zeitigungssubstrat eingebettet werden.

5.5. Aufzucht der Jungtiere

Bei einer Zeitigungstemperatur von 28 bis 30 °C und einer relativen Luftfeuchtigkeit von etwa 95 % schlüpfen die jungen Bartagamen nach etwa 60 bis 70 Tagen – allerdings nicht immer annähernd gleichzeitig. Bis alle Eihüllen verlassen sind, können mehrere Tage vergehen. Wenige Tage vor Schlupfbeginn färben sich die Schalen graublau und es bilden sich kleine Wassertropfen auf den Eischalen.

Hat das Junge mit dem auf seiner Schnauzenspitze angeordneten Eizahn die Schale angeritzt, so tritt Flüssigkeit aus, und die Eihülle beginnt einzufallen. Anschließend durchbricht der Schlüpfling die Hülle, steckt den Kopf heraus und beginnt zu atmen. Von dieser Anstrengung erholt er sich erst einige Stunden und verbleibt unterdessen noch im Ei. Während dieser Phase wird auch der Restdotter absorbiert. Die Schachtel verbleibt auf jeden Fall bis zum vollständigen Schlupf im Inkubator, man sollte lediglich den Deckel abnehmen, um den Jungtieren mehr Sauerstoff zuzuführen. Hin und wieder kontrolliert man, wie weit sie mit dem Schlupf sind. Ungeduld bringt hier gar nichts, denn es kann manchmal zwölf Stunden und länger dauern, ehe sie vollständig aus der Hülle geschlüpft sind; einige tun dies aber auch innerhalb kürzester Zeit. Dabei kann es hin und wieder vorkommen, dass frisch geschlüpfte Jungtiere noch einen Restdotter tragen oder ihre Bauchdecke noch nicht völlig geschlossen ist. Auf gar keinen Fall dürfen Fremdkörper in die Bauchhöhle gelangen, da durch diese schwere Entzündungen hervorgerufen werden könnten. Um das zu vermeiden, sollte man rechtzeitig kleine, mit feuchten Papiertüchern ausgelegte, luftdurchlässige Plastikdosen bereit halten, in denen die Schlüpflinge einzeln ein bis zwei Tage verbleiben, bis sich die Bauchdecke geschlossen hat und der Restdotter resorbiert wurde. Auf gar keinen Fall darf man die Reste des Dottersacks entfernen! Die kleinen Bartagamen stellt man am besten mitsamt ihren Plastikdosen wieder in den Inkubator oder in ein größeres Terrarium, in dem ähnliche Bedingungen bezüglich der relativen Luftfeuchtigkeit und der Temperatur wie im Inkubator herrschen.

Junge Bartagamen haben kurz nach dem Schlupf eine Gesamtlänge von 8 bis 10 cm.

Sie werden in einem extra für sie hergerichteten Terrarium aufgezogen. Man darf sie auf keinen Fall zu den Elterntieren setzen, da diese in ihnen nur eine leichte Beute sehen würden. Nach Größe sortiert, sollten die Jungen in kleinen Gruppen von je vier bis sechs Tieren aufgezogen werden.

Die Größe der Aufzuchtterrarien richtet sich auch nach der Anzahl ihrer Insassen. Ein Behälter von 80 x 30 x 40 cm (Länge x Breite x Höhe) ist für eine Gruppe von etwa sechs Jungtieren ausreichend. Die Einrichtung kann dabei recht spartanisch gestaltet sein. Als Bodengrund verwendet man Flusssand oder sehr feinen Aquarienkies. Ein Strahler sollte den Jungtieren einen Sonnenplatz mit einer lokalen Temperatur von 32 bis 34°C bieten.

Frisch geschlüpfte Bartagamen, *Pogona vitticeps*, beim ersten Sonnenbad. Foto: W. Schmidt

Vermehrung

Mit einer Gesamtlänge von 89 bis 95 mm besitzen die Nachzuchten von *Pogona vitticeps* bereits eine stattliche Größe. Foto: W. Schmidt

Leuchtstofflampen sorgen für ausreichende Helligkeit im Aufzuchtbehälter. Von besonderer Wichtigkeit ist gerade bei Jungtieren ein bestimmter UV-Anteil, da dieser die Vitamin-D-Synthese zum Aufbau eines gesunden Skeletts fördert.

Eine flache Wasserschale – mindestens so groß wie die Jungtiere – sollte in jedem Becken stehen. Zeitweise kann man beobachten, dass diese von den Kleinen auch gerne als „Badewanne" benutzt wird.

Junge Bartagamen beginnen schon nach zwei bis drei Wochen untereinander eine Rangordnung auszubilden. Dies kann man in Grenzen halten, indem man ihnen keine Möglichkeiten bietet, sich an exponierten Stellen zu platzieren. Sinnvoll ist es daher, alle Kletteräste und Felsen etwa in gleicher Höhe zu halten, damit sich alle Tiere auf der gleichen Ebene befinden.

Unterdrückte Jungtiere sind meist sehr dunkel gefärbt und ziehen sich in die Ecken des Terrariums zurück. Bemerkt man solche, ist es wichtig, sie einzeln zu halten, damit sie wieder zu Kräften kommen.

Der Sichtkontakt zwischen den Jungtieren verschiedener Aufzuchtbecken sollte unbedingt vermieden werden, um die Tiere nicht unnötigem Stress auszusetzen. Hierfür stellt man einem Sichtschutz zwischen die einzelnen Becken. Es sollten sich auch keine Behälter gegenüberstehen, denn Bartagamen können gut sehen, und bevor man als Pfleger erkennt, dass sie durch den Sichtkontakt gestresst sind, können schon erhebliche Schäden eingetreten sein.

Die Jungen nehmen erst nach etwa zwei bis drei Tagen das erste Futter zu sich. Die ersten angebotenen Futtertiere sollten nicht zu lebhaft sein, damit die Jungtiere keine große Mühe haben, ihre Nahrung einzufangen. Man bietet ihnen kleine Futtertiere an, die sie – entsprechend ihrer Größe – ohne Probleme verspeisen können. Schaben, Mehlkäfer- und *Zophobas*-Larven kann man in kleinen glasierten Näpfen anbieten, weil diese Futtertiere daraus nicht entkommen können. So lässt sich besser überblicken, wie viel die Jungen gefressen haben. Langsames Futter wie Wachsmaden und

ähnliches kann man ebenfalls sehr gut kontrolliert verfüttern. Zusätzlich werden gern Heimchen, Grillen, Heuschrecken und Wachsmotten gejagt und verspeist.

Den Jungtieren sollte von Anfang an auch pflanzliche Kost angeboten werden. Dazu schneidet man Grünfutter, Obst und Gemüse, ganz klein, damit es einfacher verzehrt werden kann. Sehr wichtig sind – gerade bei Jungtieren – Vitamine und Mineralstoffe. Diese kann man dem vegetarischem Futter in Pulverform untermischen oder die Futtertiere damit einstäuben. Fein geraspelte Sepiaschale und Muschelkalk werden einfach in das Terrarium gestreut, wo die Tiere sie ohne weiteres aufnehmen.

DE VOSJOLI & MAILLOUX (1996b) weisen darauf hin, dass nicht ausreichend gefütterte Bartagamen einander unter Umständen verstümmeln oder gar zu Kannibalen werden. So kann eine Echse den zuckenden Schwanz einer anderen attackieren, um ihn als vermeintliches Futter zu verschlingen. Ein australischer Terrarianer konnte hier ungewöhnliche Erfahrungen machen: Eine Bartagame schnappte nach dem Schwanz einer anderen und begann jene von hinten zu verschlingen; als der Halter hinzukam, hatte das größere Tiere die kleinere Agame soweit verschlungen, dass nur noch deren Kopf aus seinem Maul ragte – und jene war nur unwesentlich kleiner! Allerdings musste sie diese Anstrengung ebenfalls mit dem Leben bezahlen.

5.6. Bastarde

Eine häufige amerikanische Unsitte besteht darin, Tiere verschiedener Arten miteinander zu kreuzen. In der Regel entsteht dadurch kein Problem, da die Nachzuchten steril sind. Allerdings ist es mittlerweile gelungen, die Arten *Pogona henrylawsoni* und *Pogona vitticeps* miteinander zu kreuzen und dabei fruchtbare Nachkommen zu erzielen. Diese Hausdrachen sind durchaus attraktiv, da sie klein bleiben und sehr zutraulich werden; man bietet sie unter dem Namen „Vittikins" an. Es ist zu befürchten, dass in Zukunft noch mehr solcher „künstlichen Arten" auf den Markt gelangen.

6. Ernährung

In freier Natur ist der Speisezettel sehr abwechslungsreich; auch wechselt seine Zusammensetzung je nach Ort und Jahreszeit. Der Herpetologe Fred ROSSIGNOLI aus Victoria stellte fest, dass sich die meisten der von ihm beobachteten, frei lebenden *Pogona vitticeps* anscheinend von Sämereien ernähren. Nach meiner Erfahrung bilden zu bestimmten Jahreszeiten Käfer einen wichtigen Teil ihrer Nahrung. Außerdem verzehren die Tiere nachweislich Blüten und andere Pflanzenteile, besonders häufig gelbe Löwenzahnblüten (vgl. bspw. KENNERSON & COCHRANE 1981). Terrarientiere akzeptieren Schaben, Heimchen, Mehlwürmer, Regenwürmer und andere Kleintiere.

Bartagamen lieben abwechslungsreiches Futter.
Foto: Steimer

Da Bartagamen im Terrarium gelegentlich zur Verfettung neigen, kann man das Gewicht durch regelmäßiges Wiegen kontrollieren. Foto: Steimer

Bartagamen ernähren sich omnivor, das heißt sie verzehren sowohl pflanzliche als auch tierische Kost. Agamenbabys und Jungtiere bis zum Alter von vier Monaten erhalten etwa zu 60 bis 70 % tierische Kost, später sollte das Futter zu 50 % aus pflanzlichen und zu 50 % aus tierischen Komponenten bestehen.

Eine gesunde Bartagame bereitet hinsichtlich der Nahrungsaufnahme meist keine Schwierigkeiten. Es ist jedoch nicht ausreichend, den Tieren genügend Futter zu geben – sie brauchen auch qualitativ hochwertige Nahrung.

Grundsätzlich sollten die Agamen zwar ausreichend versorgt, aber nicht jeden Tag mit Futter überhäuft werden. Terrarientiere werden meist zu üppig gefüttert: dann besteht sogar die Gefahr, dass sie verfetten. Ein Terrarientier muss sich ja kaum anstrengen, um an sein Futter zu gelangen. In der Natur muss es hingegen seiner Beute auflauern und diese im geeigneten Moment fangen. Gelingt der Echse das nicht, so bleibt ihr nichts übrig, als sich auf die Suche nach weiteren Futterquellen zu begeben. Dabei ist sie auch noch der Bedrohung durch Fressfeinde ausgesetzt, vor denen sie notfalls flüchten muss. Dieser natürliche Bewegungszwang entfällt im Terrarium. Deshalb sollte man das Gewicht seiner Tiere durch regelmäßiges Wiegen kontrollieren. Wenn notwendig, müssen ihnen einige Fastentage verordnet werden.

6.1. Futtertiere

Bartgamen fressen eine ganze Reihe verschiedener Insekten, zum Beispiel Argentinische Schaben (*Blaptica dubia*), Mehlkäferlarven (auch. „Mehlwürmer" genannt; *Tenebrio molitor*), Larven des großen Schwarzkäfers (*Zophobas morio*), große Wachs- maden und Wachsmotten (*Galleria mellonella*), Heimchen (*Acheta domestica*), Grillen (*Gryllus* sp.) und Ägyptische Wanderheuschrecken (*Locusta migratoria*). Kauft man lebende Futtertiere im Handel, so sind diese meist durch Transport und Überlagerung nicht gerade in bestem Zustand. Deshalb sollte man sie grundsätzlich einige Tage lang selber anfüttern, um ihre Qualität zu verbessern. Schaben, Mehlwürmer, *Zophobas*, Heimchen und Grillen füttert man mit feinen Hundeflocken (zum Beispiel Matzinger-Hundeflocken) und etwas Obst oder Gemüse (Möhren, Äpfel). Heuschrecken erhalten Gras. Wachsmaden haben in ihren Schachteln meist ausreichend Futter. Nestjunge Mäuse und Ratten werden ebenfalls gerne gefressen.

Grundsätzlich gilt es, die Bartagamen so abwechslungsreich wie möglich zu versorgen. Sehr fett- und proteinhaltiges Futter wie Mehlwürmer, *Zophobas*-Larven, Schaben, nestjunge Mäuse und Ratten sollte nicht so häufig angeboten werden.

Eingewöhnte Bartagamen nehmen das angebotene Futter von der Pinzette. Foto: Steimer

Heuschrecken, Heimchen und Grillen haben den Vorteil, dass sie gejagt werden müssen und den Bartagamen hierdurch zusätzliche Bewegung verschaffen.

Bei der Verfütterung von Heimchen oder Kurzflügelgrillen (*Gryllodes sigillatus*) ist zu berücksichtigen, dass diese zu den Hausschädlingen zählen und fähig sind, sich in Wohnräumen zu vermehren; außerdem zirpen die Männchen sehr laut. Bewohnt man ein Mietshaus mit mehreren Parteien, dann sollte man besser auf diese Futtertiere verzichten, sofern man nicht für die Kosten des von aufgeregten Nachbarn herbeigerufenen Kammerjägers aufkommen will.

Das Futter für die eigenen Bartagamen kann auch selbst gezüchtet werden, hierzu gibt es entsprechende Fachliteratur. Wenn man Futtertiere aus der Natur fangen möchte, sind unbedingt die Schutzvorschriften für die heimische Tierwelt zu beachten (hierunter fallen zum Beispiel Libellen, Schmetterlinge und viele Nachtfalter). Verbleiben einmal Futtertiere im Terrarium, die man nicht ohne weiteres wieder entfernen kann, so sollte diesen immer etwas frisches Obst, Gemüse oder anderes Grünzeug angeboten werden, damit sie die Bartagamen nicht anfressen. Es ist schon häufiger vorgekommen, dass Futtertiere den Echsen erhebliche Bisswunden zugefügt haben.

Hält man die Bartagamen während des Sommers zeitweilig im Freien, so kann man beobachten, wie sie unter anderem frei lebende Insekten (darunter sogar Wespen) fangen und verzehren.

Bartagamen, *Pogona vitticeps*, fressen sehr gerne Wanderheuschrecken. Foto: Steimer

6.2. Vegetarisch

Bartagamen ernähren sich auch von Wildpflanzen, Obst und Gemüse. Als Grünfutter wird besonders gern der Löwenzahn und dessen gelbe Blüte verspeist, außerdem nehmen die Tiere gern auch Klee, Petersilie, Weizenkeimlinge, Blätter und Blüten der Brunnenkresse, Luzerne (frisch oder als Pellets getrocknet), Spinat, diverse Kohlarten und vieles mehr an. Kohl sollte jedoch nur in geringen Mengen verfüttert werden, da dieser eine ungünstige chemische Wechselwirkung mit der Calciumaufnahme entfalten kann.

An Obst und Gemüse kann man Äpfel, Birnen, Brombeeren, Kürbis, Südfrüchte, Möhren, Gurken, Zucchini, Tomaten und anderes anbieten – stets mundgerecht geschnitten oder gerieben. Es sollte nach Möglichkeit nur ökologisch unbedenkliches Obst und Gemüse verfüttert werden, also kein Grünfutter von Straßenrändern oder konventionell bewirtschafteten Ackerflächen. Im Geschäft sollte man ausschließlich auf biologisch angebautes Gemüse zurückgreifen.

Bartagamen gehen bei Auswahl ihres Futters individuell sehr verschieden vor. Man muss immer ausprobieren, welche Futtersorten den Pfleglingen am besten schmecken, dabei aber nicht den Fehler begehen, ausschließlich jene zu verfüttern, die ihnen am besten munden – dies könnte zu einer zu einseitigen Ernährung führen. An die vegetarische Kost muss man die Bartagamen schon von klein auf gewöhnen!

Die Beutetiere werden im Ganzen verschlungen.
Foto: Steimer

6.3. Vitamine und Mineralien

Wenn man das vielseitige Nahrungsspektrum der Bartagamen berücksichtigt, werden die Tiere in der Regel ausgewogen und gesund ernährt. Es sollte jedoch nicht auf zusätzliche Vitamin- und Mineralgaben verzichtet werden. Besonders bei den Jungtieren und bei trächtigen Weibchen muss man auf eine ausreichende Versorgung achten. Sehr gut bewährt hat sich das Vitamin-Kalk-Präparat Korvimin ZVT (beim Tierarzt erhältlich). Futtertiere sollte man vor dem Verfüttern ausgiebig mit dem entsprechenden Pulver einstäuben. Hierfür gibt man die Insekten in eine leere verschließbare Dose, streut das Pulver hinein, schraubt den Deckel fest zu und schüttelt das Gefäß einige Male kräftig, bis die Futtertiere komplett mit dem Pulver eingestäubt sind.
Bei vegetarischer Kost mischt man die Präparate einfach unter das kleingeschnittene Futter.

Bei der Fütterung ist immer auf eine ausreichende Versorgung mit Vitaminen und Mineralstoffen zu achten.
Foto: Steimer

7. Krankheiten

Bartagamen werden meist als Nachzuchten, kaum jemals als Wildfänge angeboten. Hierdurch ist das Risiko, ein durch Fang, Transport und Handel geschwächtes oder von Parasiten oder Krankheitserregern befallenes Tier zu erwerben, eher gering. Allerdings könnten sich Agamen, die in Zoogeschäften mit Wildfängen vergesellschaftet wurden, über jene mit Parasiten oder Krankheitserregern infiziert haben.

Bartagamen gelten allgemein als sehr robuste Terrarientiere, doch sollte man sich bewusst sein, dass auch solche Arten erkranken können, zum Beispiel durch falsche Haltungsbedingungen, unausgewogene Ernährung und Stresssituationen. Jeder Terrarianer muss sich daher um die artgerechte Haltung, gesunde Ernährung und den sorgfältigen Umgang mit seinen Tieren bemühen, um das Risiko von Erkrankungen möglichst gering zu halten. Geschwächte Agamen sind einfach anfälliger als solche, die unter optimalen Bedin-

Kranken Tieren, welche die selbstständige Nahrungsaufnahme verweigern, kann man ein Futtertier auch vorsichtig ins Maul stecken. Foto: Steimer

gungen gehalten werden. Selbst bei Optimierung aller Haltungsbedingungen kann
es aber hin und wieder zu einer Erkrankung
kommen. Deshalb sollte man seine Bartagamen und deren Verhalten regelmäßig
genau beobachten, um beurteilen zu können, ob sie sich normal verhalten oder
eventuell durch Krankheit bedingte Verhal-
tensveränderungen aufweisen.

Diese können sich beispielsweise in Appetitlosigkeit, Nahrungsverweigerung und
geringer Aktivität äußern. Auch Wachs-
tums- und Fortpflanzungsstörungen sowie
Gewichtsverlust sind meist eindeutige
Symptome einer Erkrankung.

Auf keinen Fall darf man seinen Tieren
leichtfertig und ohne gesicherte tierärztli-
che Diagnose Medikamente verabreichen,
von denen man annimmt, dass sie helfen
könnten, weil man sie schon erfolgreich bei
anderen Haustieren oder sich selbst ange-
wendet hat. Auch bestimmte Eingriffe zur
Behandlung erkrankter Tiere sind durch
das Tierschutzgesetz rechtlich festgelegt:
demzufolge (§ 5 Tierschutzgesetz) darf ein
mit Schmerzen verbundener Eingriff an
einem Wirbeltier nicht ohne Betäubung
vorgenommen werden. Auf eine Betäubung darf man verzichten, wenn bei ver-
gleichbaren Eingriffen am Menschen eine
Betäubung in der Regel unterbleibt oder
nach tierärztlichem Urteil nicht durchführ-
bar erscheint. Ferner dürfen chirurgische
Eingriffe an Wirbeltieren ausschließlich

Augen können gegebenenfalls mit einem Wattestäbchen vorsichtig gereinigt werden.
Foto: Steimer

Die Krallen sollte man mit einer Nagelschere kürzen.
Foto: Steimer

von qualifizierten Tierärzten durchgeführt werden (§ 6 Tierschutzgesetz).

Falls ein Wirbeltier getötet werden muss, darf dies nur unter Betäubung und unter Vermeidung von Schmerzen erfolgen (§ 4 Tierschutzgesetz).

Im Folgenden geben wie nur allgemeine Hinweise zum Erkennen und Behandeln einfacher Erkrankungen, da diese Thematik sehr umfangreich ist und die Diagnose und Therapie schwerer Fälle grundsätzlich einem für Reptilien spezialisierten Tierarzt überlassen werden sollte. Die Namen und Adressen von Tiermedizinern, die sich auch mit Reptilienkrankheiten befassen, erhält man bei der DGHT, Zoos oder dem eigenen Tierarzt.

Wer gerne mehr über Erkrankungen von Terrarientieren wissen möchte, der sollte sich die entsprechende Fachliteratur beschaffen (vgl. Kap. 9.).

7.1. Parasiten

Parasiten sind Organismen, die sich auf Kosten anderer Lebewesen ernähren und diese dadurch schwächen, was wiederum den Ausbruch anderer Krankheiten begünstigen kann.

Die meisten Parasiten schädigen ihre Wirte nicht so stark, dass sie sterben, denn auf diese Weise würden sie sich ihre eigene Existenzgrundlage entziehen; sie fügen ihnen jedoch erheblichen Schaden zu, indem sie Blut saugen, Nährstoffe verbrauchen oder als Krankheitsüberträger fungieren. Als wichtigste Prophylaxe gelten grundsätzlich die entsprechenden Hygienemaßnahmen (vgl. Kap. 4.1.).

Man unterscheidet Ektoparasiten, die an der Körperoberfläche leben, und Endoparasiten, welche Schäden an den inneren Organen verursachen. Bartagamen sind selten mit Außenparasiten infiziert; dennoch besteht die Gefahr, dass sie sich bei Vergesellschaftung mit davon befallenen Terrarientieren anstecken.

Ektoparasiten sind meist gut zu erkennen. Hierbei handelt es sich in der Regel um Zecken oder andere Milben. Diese Parasiten schädigen das Wirtstier nicht nur durch den Entzug von Blut, sondern können durch ihren Biss auch Infektionen der Bißwunde hervorrufen oder Krankheiten übertragen.

Zecken werden 1 bis 2 mm groß und sind daher gut zu erkennen. Sie werden entfernt, indem man sie mit einer Pinzette so nah wie möglich an der Haut der Agame erfasst und unter vorsichtigen Drehbewegungen aus der Haut zieht. Die Bisswunde wird anschließend mit Wasserstoffperoxyd (als 3 %-ige Lösung) gereinigt und mit anti-biotischer Salbe eingerieben. Auch wenn die Wunde nur klein ist, so sollte man sie doch einige Tage lang beobachten, ob sie einwandfrei heilt und keine Entzündung entsteht.

Milben sind auf der Haut der Bartagame wesentlich schwerer zu erkennen, da sie weniger als 1 mm groß werden. Einzeln fallen diese winzigen Parasiten nur schwer auf. Sie wirken wie winzige braune oder rote Pünktchen, die sich oft auf bestimmte, geschützte Körperregionen wie Gelenkbeugen, Nackenbereich und Schwanzunterseite konzentrieren. Hat man diese Parasiten bei seinen Bartagamen entdeckt, so sollte man sich bei einem reptilienkundigen Tierarzt ein entsprechendes Medikament besorgen. Weil Milben auch im Terrarium und an dessen Inventar leben, ist es wichtig, auch den Behälter und die Einrichtungsgegenstände gründlich zu reinigen und zu desinfizieren; Bodengrund und Pflanzen müssen entsorgt werden. Es empfiehlt sich, die Agamen für die Dauer der Behandlung in einem Quarantänebecken zu pflegen oder das eigentliche Terrarium als steriles, leicht zu säuberndes Behandlungsbecken herzurichten.

Innenparasiten des Magen-Darm-Trakts können dem von ihnen befallenen Tier erheblichen Schaden zufügen. Hierzu gehören Einzeller (Protozoen) wie Amöben (Wechseltierchen), Flagellaten (Geißeltierchen), Ciliaten (Wimpertierchen) und Coccidien, aber auch Würmer wie Strongyloiden (Hakenwürmer), Capillarien (Haarwürmer), Cestoden (Bandwürmer).

Diese Parasiten schädigen den Wirt, indem sie zum Beispiel den Darm- und Gallentrakt blockieren, den Darminhalt direkt aufnehmen, Körperzellen zerstören, Nährstoff-

Neu erworbene Tiere sollten mit einer Lupe auf Parasiten untersucht werden.
Foto: Steimer

mangel verursachen, Blut saugen oder giftige Substanzen absondern. Außerdem können infolge dieser Verletzungen Sekundärinfektionen des Magen-Darm-Trakts hervorgerufen werden.

Symptome, die auf einen entsprechenden Befall hinweisen, sind zum Beispiel Appetitlosigkeit, Lethargie, Durchfall und Erbrechen, schleimiger oder blutiger Kot und mit diesem ausgeschiedene Würmer. Weil man von den Symptomen nicht auf bestimmte Parasiten schließen kann, sendet man eine Kotprobe zur parasitologischen Untersuchung an ein entsprechendes Institut (vgl. Adressen 8.). Dazu entnimmt man aus dem Terrarium ganz frischen Kot des krankheitsverdächtigen Tiers und gibt ihn mit ein paar Tropfen Wasser in ein Filmdöschen. Dann sollte die Kotprobe sofort per Eilpost an das entsprechende Institut geschickt werden.

Die Kotprobe darf zwar gekühlt, aber auf keinen Fall eingefroren werden, da hierdurch Protozoen abgetötet werden und somit erschwert oder unmöglich nachzuweisen sind.

Bevor man sie verschickt, sollte man sich beim Institut über Verpackung, Versand und Kosten informieren. Wichtig ist auch ein Begleitschreiben, auf dem wichtige Informationen über das Tier gegeben werden: wie Gattung und Art, Alter, Herkunft, Gewicht, außergewöhnliches Verhalten, und ähnliches. Oft bieten die Institute auch entsprechende Fragebögen an.

Grundsätzlich sollte man auch um Behandlungshinweise bitten. Die Therapie kann dann in Zusammenarbeit mit einem reptilienkundigen Tierarzt erfolgen. Notfalls ist zusätzlich weiterführende Literatur zu Rate zu ziehen.

Nur gesunde Echsen dürfen geselligen Kontakt zu einander haben.
Foto:
J. Schmidt

7.2. Bakterielle Erkrankungen

Bakterien sind an vielen Erkrankungen der Atmungs- und Verdauungsorgane entscheidend beteiligt. Bakterielle Lungenentzündung, Maulfäule und Salmonellen zählen dabei zu den bekanntesten Erkrankungen. Eine Kotuntersuchung auf Bakterien ist bei klinisch gesunden Tieren kaum sinnvoll, denn die Erreger können zwar vorhanden sein, rufen aber nicht unbedingt eine Erkrankung hervor. Erst wenn andere ungünstige Bedingungen (Stress, Haltungsfehler, Erkältung) auf das Tier einwirken, kann es zum Ausbruch der entsprechenden Krankheit kommen. Möchte man sicher gehen, um welche Art von Bakterien es sich handelt und welches Antibiotika am besten wirkt, dann kann man einen Abstrich vom krankhaften Bereich nehmen und die Probe zur Untersuchung an ein entsprechendes Labor schicken.

Bei der Behandlung mit Antibiotika ist unbedingt die Dosierung und der Zeitraum der Behandlung einzuhalten. Hierbei ist auf jeden Fall den Verordnungen vom reptilienerfahrenen Tierarzt Folge zu leisten.

Bakterielle Erkrankungen der Haut behandelt man Antiseptika (zum Beispiel Betaisadonna, Wasserstoffperoxid, Chlorhexidin u. a.).

7.3. Mangelerscheinungen

Die häufigste bei Reptilien auftretende Mangelerscheinung ist Rachitis. Diese Stoffwechselstörung wird durch eine Unterversorgung mit Vitamin-D3 und Mineralstoffen verursacht, was eine unzureichende Kalkversorgung der Knochen zur Folge hat. Bei Jungtieren wird diese Erkrankung als Rachitis, bei Erwachsenen als Osteomalazie bezeichnet.

Im Anfangsstadium sind die Knochen durch die unzureichende Kalkversorgung weich und biegsam. Im fortgeschrittenem Stadium treten irreparable Schäden auf, etwa Wirbelsäulenverkrümmung, Deformierung von Arm- und Beinknochen sowie weiche Schädel- und Kieferknochen.

Im Frühstadium lässt sich eine Rachitis noch erfolgreich zum Stillstand bringen. Es kommt darauf an, das Tier ausreichend mit einem Vitamin-Mineralgemisch zu versorgen, das genügend Calcium und Vitamin-D3 enthält. Hierzu eignet sich besonders Korvimin ZVT, da man die Futtertiere hiermit gut einstäuben kann. Zusätzlich sollten die Bartagamen ausreichend mit UV-A- und UV-B-Licht bestrahlt werden. Hierzu setzt man die Reptilien ein paar Stunden – bei entsprechend hohen Temperaturen – dem natürlichen, ungefilterten Sonnenlicht aus oder bestrahlt sie mit speziellen UV-Lampen (vgl. Kap. 3.3).

Eine Überdosierung von Vitamin-D3 kann allerdings ebenso gefährlich sein, weil sie einen permanent erhöhten Blutcalciumspiegel verursacht und die überschüssigen Calciumsalze schließlich in den Organen eingelagert werden. Deshalb ist es unbedingt erforderlich, nur für Reptilien geeignete Präparate zu verwenden und die Dosierungsanleitungen genau zu befolgen.

Nur bei ausreichender Versorgung mit Mineralstoffen und Vitaminen bleiben die Tiere gesund. Foto: W. Schmidt

7.4. Verletzungen

Ursache für Verletzungen im Terrarium sind meist Beißereien der Tiere untereinander. Kleinere Verletzungen stellen normalerweise keine Gefahr dar.

Die Wunde sollte mit Wasserstoffperoxid (als 3 %-ige Lösung) gereinigt werden. Dafür können Wattestäbchen oder ein kleiner, steriler Lappen aus dem Verbandkasten verwendet werden. Die Wunde kann anschließend mehrere Tage lang mit Lebertransalbe (zum Beispiel Unguentolan Wund- und Brandsalbe) behandelt werden. Der Heilungsprozess der Wunde muss auf jeden Fall regelmäßig kontrolliert werden.

Wenn der Wundbereich stark anschwillt und nässt, ist dies ein eindeutiges Zeichen dafür, dass sich die Wunde infiziert und entzündet hat. Dann muss eine Behandlung mit antibiotischer Salbe (zum Beispiel Nebacetin) erfolgen. Bei schwerwiegenderen Verletzungen oder Wundinfektionen ist unbedingt ein fachkundiger Tierarzt hinzuzuziehen.

7.5. Häutungsschwierigkeiten

Die trockene Haut der Bartagamen besteht aus abgestorbenen Keratinzellen und kann sich daher nicht mehr ausdehnen. Wie alle Reptilien wachsen die Agamen ihr ganzes Leben lang; deshalb müssen sie in unterschiedlichen Abständen die Oberschicht ihrer Haut am gesamten Körper abstreifen. Sie löst sich in unregelmäßigen Fetzen ab, wobei sich nicht alle Körperstellen gleichzeitig häuten. Dieser Vorgang kann einige Tage dauern.

Die Häufigkeit der Häutung hängt im Einzelnen von Faktoren wie Ernährung, Temperatur und Feuchtigkeit ab. Die erste Häutung erfolgt bei Bartagamen unmittelbar nach dem Schlupf oder wenige Tage danach. Jungtiere häuten sich etwa alle sechs Wochen, Erwachsene höchstens noch zwei- bis dreimal im Jahr. In der Häutung befindliche Tiere reiben sich an rauen Ästen oder Steinen, um die Haut besser abstreifen zu können. Es ist daher sinnvoll, in jedes Terrarium derartige Gegenstände einzubauen.

Nach der Häutung sollte man das Tier genau darauf kontrollieren, ob auch alle Körperstellen von der alten Hautschicht befreit sind. Besondere Aufmerksamkeit verdienen hier die Zehen und die Schwanzspitze. Verbliebene alte Hautreste könnten diese abschnüren und die Durchblutung beeinträchtigen, wodurch das betroffene Körperteil absterben kann. Verbleiben alte Hautfetzen zu lange auf der neuen Reptilienhaut, so können sich unter ihnen Bakterien ansammeln, die möglicherweise eine Entzündung verursachen.

Daher ist es unbedingt notwendig, dass man solche Hautreste unverzüglich manuell entfernt. Die betroffenen Stellen werden mit etwas Salat- oder Baby-Öl eingerieben; in den meisten Fällen löst sich die Haut dann, und man kann sie vorsichtig mit einer Pinzette anheben und abstreifen. Hat das Tier hingegen an größeren Partien Häutungsprobleme, so empfiehlt es sich, den Patienten etwa zehn Minuten in lauwarmem Wasser zu baden, damit die Hautreste einweichen können. Danach reibt man die aufgeweichten Stellen vorsichtig mit einem trockenen Frotteetuch ab, wodurch die Hautreste dann endgültig entfernt werden.

Die Ursachen für eine schlechte Häutung liegen meist in einer zu trockenen Haltung. In diesem Falle sollte man, sobald die Bartagame kurz vor der Häutung steht, die relative Luftfeuchtigkeit im Terrarium durch häufigeres Sprühen erhöhen und den Tieren zusätzlich eine Stelle anbieten, wo das Substrat permanent schwach feucht gehalten wird.

Weitere Ursachen für Häutungsschwierigkeiten können Nährstoff-, Vitamin- oder Mineralmangel, ein schlechter Allgemeinzustand, Milbenbefall, zu niedrige Temperaturen oder das Fehlen von rauen Gegenständen sein.

Unter optimalen Pflegebedingungen sollten keine Häutungsprobleme auftreten. Foto: J. Schmidt

Bei einem an Legenot verendetem Tier wird versucht, die Eier durch einen Kaiserschnitt zu retten.
Foto: Steimer

7.6. Legenot

Wenn ein Weibchen nicht in der Lage ist, seine Eier abzulegen, spricht man von Legenot. Diese äußert sich darin, dass das Tier nach tage- bis wochenlangem Suchen und Graben wieder zum normalen Verhalten und Fressen übergeht. ohne sein Gelege abgesetzt zu haben.

Hierdurch besteht Lebensgefahr für das Weibchen, denn die im Körper verbliebenen Eier verkäsen und verkleben die Eileiter. Wird eine Therapie nicht früh genug eingeleitet, kann die eitrige Eileiterentzündung nach zwei bis vier Wochen zum Tode führen. Um dies zu verhindern, sucht man einen Tierarzt auf, der das trächtige Weibchen mit Calcium und Oxitocin (Wehenhormon) behandelt. Falls die vorhergehende röntgenologische Untersuchung ergibt, dass die Legenot durch übergroße Eier hervorgerufen wurde, bleibt nur noch die Möglichkeit, jene durch einen operativen Eingriff zu entfernen.

Zu den weiteren Ursachen für Legenot zählen nicht artgerechte Eiablageplätze, unzureichende Vitamin- und Mineralstoffversorgung, Krankheiten und Stress. Auch hier kann man schon im Vorfeld die Wahrscheinlichkeit einer Legenot durch Optimierung aller Haltungsbedingungen verringern.

Die Bartagame *Pogona henrylawsoni* ist ein aufmerksamer Terrarien-bewohner. Foto: W. Schmidt

8. Wichtige Adressen

Deutsche Gesellschaft für
Herpetologie und Terrarienkunde e.V.
DGHT–Geschäftsstelle
Postfach 14 21
D-53351 Rheinbach
Tel.: (0 22 25) 70 33 33
Fax.: (0 22 25) 70 33 38
E-Mail: gs@dght.de
Internet: http://www.dght.de

Justus-Liebig-Universität Gießen
Institut für Geflügelkrankheiten
Frankfurter Straße 87
D-35392 Gießen

Untersuchungsstellen
GeVo Diagnostik – Gesellschaft für medizi-
nische u. biologische Untersuchungen mbH
Jakobstr.65
D-70794 Filderstadt

Universität München – Institut für Zoolo-
gie, Fischereibiologie und Fischkrankhei-
ten der tierärztlichen Fakultät
Kaulbachstraße 37
D- 80539 München

9. Literaturverzeichnis

AHL, E. 1926. Neue Eidechsen und Amphibien. Zoologischer Anzeiger 67, 186-192.

BADHAM, J. A. 1976. The *Amphibolorus barbata* species group (Lacertilia: Agamidae). Australian Journal of Zoology 24, 423-443.

BECH, R. & KADEN, U. 1990. Echsen. Leipzig.

BRADSHAW, S. D. & MAIN, A. R. 1968. Behavioural attitudes and regulation of temperature in *Amphibolorus* lizards. Journal of Zoology 154. 193-221.

BRATTSTROM, B. H. 1971. Social and thermoregulatory behavior of the bearded dragon *Amphibolorus barbata*. Copeia 484-497.

BRUSE, F., MEYER, M. & SCHMIDT, W. 2003. Praxis Ratgeber: Futterzuchten. Frankfurt.

Bundesministerium für Ernährung, Landwirtschaft und Forsten [Hrsg.] 1997. Gutachten über die Mindestanforderungen an die Haltung von Reptilien. Bonn.

BUSTARD, H. R. 1966. Notes on the eggs, incubation and young of the Bearded Dragon, *Amphibolorus barbatus barbatus* (CUVIER). British Journal of Herpetology 3, 252-259.

BUSTARD, H. R. 1970. Australian Lizards. Sydney.

CARPENTER, C. C., BADHAM, J. A. & KIMBLE, B. 1970. Behavior patterns of three species of *Amphibolorus* (Agamidae). Copeia, 497-505.

COBORN, J. 1999. Echsen. Haltung und Zucht im Terrarium. Ruhmannsfelden.

COGGER, H. G. 1992. Reptiles and Amphibians of Australia. Australia.

DE VOSJOLI, P. 1996. Step by step vivarium design: A naturalistic vivarium for Small Bearded Dragons. The Vivarium 7(6), 36-37.

DE VOSJOLI, P. & MAILLOUX, R. 1993. The General Care and Maintenance of Bearded Dragons. Lakeside.

DE VOSJOLI, P. & MAILLOUX, R. 1996. A simple system for raising juvenile Bearded Dragons (*Pogona*) indoors. The Vivarium 7(6), 42-44.

GREER, A. E. 1989. The Biology and Evolution of Australian Lizards. Chipping Norton.

HAUSCHILD, A. 2000. Die Bärtigen Drachen. Reptilia 25, 22-26.

HAUSCHILD, A. 2000. Ein Evergreen: Bartagamen. Reptilia 25, 28-32.

HAUSCHILD, A. & BOSCH, H. 1997. Bartagamen und Kragenechsen. Münster.

HENKEL, F.-W. & SCHMIDT, W. 1997. Agamen im Terrarium. Hannover.

HENKEL, F.-W. & SCHMIDT, W. 1997. Terrarien Bau und Einrichtung. Stuttgart.

HIELSCHER, M. 1989. Haltung und Nachzucht der australischen Bartagame *Pogona minima*. elaphe 11(2), 20-24.

HOSER, R. T. 1991. Observations of egglaying by a Bearded Dragon (*Pogona barbata*) CUVIER. Newsletter of the Australian Herpetological Society, Spring, 11.

JOHNSTON, G. R. 1979. The eggs, incubation and young of the Bearded Dragon *Amphibolurus vitticeps*. Herpetofauna 11(1), 5-8.

JES, H. 1987. Echsen als Terrarientiere. München.

KÄSTLE, W. 1972. Echsen im Terrarium. Stuttgart.

KÄSTLE, W. 1973. Vollbart mit Hebeltechnik. Verhalten und Pflege der Bartagamen. aquarien magazin 7, 58-61.

KLINGELHÖFFER, W. 1957. Terrarienkunde III. Echsen. Stuttgart.

KÖHLER, G. 1996. Krankheiten der Amphibien und Reptilien. Stuttgart.

KÖHLER, G. 1997. Inkubation von Reptilieneiern. Offenbach.

KÖHLER, G., GRIESSHAMMER, K. & SCHUSTER, N. 2003. Bartagamen. Offenbach.

KOHLMEYER R. 2000. Verhalten und Interaktionen meiner Bartagamen (*Pogona vitticeps*) im Terrarium. Reptilia 25, 33-38.

MANTHEY, U. & SCHUSTER, N. 1992. Agamen. Münster.

MERTENS, R. 1946. Die Warn- und Drohreaktion der Reptilien. Abh. Senckenb. Naturforsch. Ges. 471, 1-108.

MÜLLER, D. 1999. *Pogona vitticeps* Bartagame. Reptilia 17, 47-50.

MÜLLER, M. J. 1983. Klima Handbuch ausgewählter Klimastationen der Erde. Trier.

MÜLLER, P. 2002. Die Bartagame. Keltern-Weiler.

NEUGEBAUER, W. 1972. Geglückte Aufzucht von Bartagamen. Aquarien Terrarien 25(12), 424-426.

NIETZKE, G. 1980. Die Terrarientiere. Band 2. Stuttgart.

NIETZKE, G. 1984. Fortpflanzung und Zucht der Terrarientiere. Hannover.

OBST, F. J., RICHTER, K. & JACOB, U. 1984. Lexikon der Terraristik und Herpetologie. Hannover.

PETHER, J. 1996. Bartagamen. Reptilia 1(1), 14-16.

PFLUGMACHER, S. 1984. Haltung und Zucht der australischen Bartagame *Amphibolurus vitticeps*. Sauria 6(3), 9-11.

ROTHENHOFFER, P. 2000. Die Bartagame. Datz 53(10), 12-17.

RUNDQUIST, E. M. 1996. Parasiten bei Reptilien und Amphibien. Ruhmannsfelden.

RYBACK, M. 1996, Vittikins Dragons. The Vivarium 7(6), 26-27.

SHEA, G. M. 1995. The holotype and additional records of *Pogona henrylawsoni* WELLS and WELLINGTON, 1985. Memoirs of the Queensland Museum 38(2), 574.

SPRACKLAND, R. G. 1994. Australia's Bearded Dragons. Reptiles 1(6), 44-53.

SPRACKLAND, R. G. 1994. Grossechsen. Erfolgreiche Pflege, Haltung und Zucht. Ruhmannsfelden.

STORR, G. M. 1982. Revision of the bearded dragons (Lacertilia: Agamidae) of Western Australia with notes on the dismemberment of the genus *Amphibolorus*. Records of the Western Australian Museum 10, 199-214.

STORR, G. M., SMITH, L. A. & JOHNSTONE, R. E. 1983. Lizards of Western Australia: 2: Dragons and Monitors. Perth.

ULBER, E. 1996. Insektenfressende Echsen im Terrarium. Ruhmannsfelden.

WEIS, P. & WEIS, P. 1994. Breeding Bearded Dragons. Reptiles 1(6), 32-33.

WERMUTH, H. 1967. Liste der rezenten Amphibien und Reptilien: Agamidae. Das Tierreich, Berlin, 86.

WHITTEN, G. J. 1994. Taxonomy of *Pogona* (Reptilia: Lacertilia: Agamidae). Memoirs of the Queensland Museum 37(1), 329-343.

WHITTEN, G. J. 1994. Relative growth in *Pogona* (Reptilia: *Lacertilia*: *Agamidae*). Memoirs of the Queensland Museum 37(1), 345-356.

WHITTEN, G. J. & COVENTRY, J. A. 1990. Small *Pogona vitticeps* (Reptilia: *Agamidae*) from the Big Desert, Victoria, with notes on other *Pogona* populations. Proceedings of the Royal Society of Victoria 102(2), 117-120.

WILSON, S. K. & KNOWLES, D. G. 1988. Australia's Reptiles – A Photographic Reference to the Terrestrial Reptiles of Australia. Sydney.

WORRELL, E. 1970. Reptiles of Australia. Sydney.

ZIMMERMANN, H. 1980. Durch Nachzucht erhalten: Bartagamen. aquarien magazin 14(2), 86-94.

ZIMMERMANN, E. 1983. Das Züchten von Terrarientieren. Stuttgart.

ZINNENBERG, A. 1980. Die Bartagame *Amphibolurus barbatus*. herpetofauna 8, 8-11.

ZOFFER, D. J. 1996. Agamen. Haltung und Vermehrung im Terrarium. Ruhmannsfelden.

10. Bartagamen im Internet

Die Fülle der Internetseiten, die sich wenigstens teilweise mit Bartagamen beschäftigen, ist beträchtlich – und wie alle Internetpräsenzen erweisen sich auch diese Sites häufig als mehr oder minder kurzlebig. Die folgende Auswahl kann und will von daher weder auf Anspruch auf Vollständigkeit noch auf absolute Aktualität beanspruchen. Sie umfasst in erster Linie deutschsprachige Seiten, die ganz überwiegend der Gattung *Pogona* gewidmet sind:

http://www.agamainternational.com
http://www.agamen.de
http://www.australian-reptiles.de
http://www.ghost-dragons.com
http://www.kleine-drachen.de
http://www.bartagamen-infos.de
http://www.pogona-vitticeps.de
http://www.sandfiredragonranch.com
http://www.vitticeps.de

http://www.bartagame.net
http://www.agamen-planet.de
http://www.bartagamen-welt.de
http://www.minidrachen.ch
http://www.pogona.ch
http://www.pogona-vitticeps.com

Auch im Internet sind die Bartagamen ein beliebtes Thema. Foto: W. Schmidt